出版
出版動力集團有限公司

業務總監
Vincent Yiu

行銷企劃
Lau Kee

廣告總監
Nicole Lam

市場經理
Raymond Tang

編輯
Valen Cheung

助理編輯
Zinnia Yeung

作者
出版動力財經組

美術設計
CKY

出版地點
香港

你炒股時
一買就跌一賣就漲？

如果你只是一個散戶，盡管你的個人行為，大戶是不可能準確知道的，但是你的行為往往是和大多數人的行為一致的，所以通過盤面變化和分析，掌握著大部分資金和籌碼的大戶又容易準確地感知到其他多數人正在採取的操作策略，然後制定與其他多數人的期望相反的短期的、局部的操作計劃。這就是為什麼市場中總是只有少數人能贏的原因(即使局限到散戶群體，高手也永遠只是其中一小部分人)，也是投機市場中逆向思維能夠取勝的根源。

其實，一般人在投資時最常犯的錯誤是，抱著「投機」的心態，全憑運氣來決定賺錢或虧損，通常是追逐當時最熱門的股票，或相信最當紅的「分析師」。如果你對於一些投資理論有了基本的認識，就不會如此盲目，進行投資決策也不會沒有方向。

本書就會教你TANSTAAFL法則、效率前緣法則及高股息長期投資法，深入淺出，讓你能實際運用，創造高獲利、低風險的持續性收入。當你明白本書專家教的竅門後，就自然學會打造低風險的投資組合。

最後鳴謝加拿大約克大學馬驛輝及中大港股票學院的究研師姚偉星先生加盟我們的財經組編輯委員會，為廣大讀者提供專業的投資資訊，揭示香港股票市場的真正面目。

目錄

決定投資回報率的絕對因素

高股息長期投資法

目 錄

教你捕捉經濟復甦升浪 在ETF中尋寶

目 錄

從一萬元到100萬 距離不遠

雪球效應錢搵錢

致富思想改造訓練班

贏在不怕輸
教你學會承擔
投資風險

贏在不怕輸
教你學會承擔投資風險

每個人都不喜歡風險，因為風險代表著不確定性，我們都比較喜歡明確或是無風險的結果，這是很正常的。但是，若一切都依照預期在進行，那麼你也不會有意外的驚喜。人們有多麼不喜歡投資風險呢？有投資經理遇到過許多客戶，不論在投資前跟客戶多麼清楚地說明，當時客戶也認同投資必須是長期持有才能獲利，短期的投資報酬是很難預測的，結果一個月後，因為投資虧損了5％，客戶就會緊張地睡不著覺，趕緊跑到銀行詢問是否應該轉換投資，這些錢會不會持續下跌直到通通賠光。

不要輸在最容易忽略的風險

如果想要成功投資，我們首先必須克服心理障礙。你要接受風險是投資的一部分，無法完全避免。許多人因為不願意承擔風險，就將資金放在儲蓄型工具上，以為這樣做最安全沒有風險。其實，這樣做的結果往往只是避免了已知的風險，卻忽視了看不見的風險：通貨膨脹。

因為害怕投資的不確定性，所以就將所有的資金放在儲蓄型工具上，長期下來卻因為資金累積得速度太慢，最後沒有足夠的錢過退休生活。通貨膨脹是一般人最容易忽略的風險，也是長期規劃中最應該避免的，因為當這種風險發生的時候，往往已經來不及了。

相對地，投資型工具也就是股票，是目前所知累積長期投資報酬、同時抵抗通貨膨脹最有效的工具，只是股票短期的不確定性相當高。高投資報酬隱含的是高風險，投資股票的期間越長，投資風險就會越低，所獲得的長期投資報酬率就越高。

你必須要了解，承擔風險是獲得較高投資報酬率的唯一方法。多數人都不喜歡風險，但如果投資股票沒有風險，那就只會產生與存款類似的報酬率，因此，風險並不絕對就是不好的。因此本章內容就是要告訴你，如何對於投資風險有正確的認知，理性地接受投資風險，進而有效地管理投資風險。

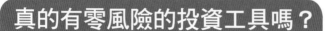

真的有零風險的投資工具嗎？

如果有以下兩種投資工具，它們的投資報酬率都是確定的，沒有風險而且正在成長，橫軸表示時間，縱軸代表投資報酬率，你會選哪一個呢？

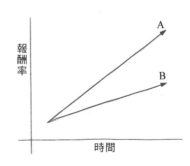

相信你會很快地選擇投資A，因為A的投資報酬率隨時都高於B，要選當然就選報酬率高的。應該也沒有人想選擇B，過不久B就會在市場上消失。這讓我想到，過去常有朋友告訴我，有人向他推薦一種很安全的投資工具，每年都有超過10％的投資報酬。

我的回答都是一樣的：不論產品怎麼設計，有一個道理始終不變，如果這個產品的投資報酬率很確定而且沒有風險，那它的報酬率就會與銀行存款的利息差不多。否則，按照它的說明，所有人都直接去買這種商品就好，銀行也勢必得調高利率，否則就沒有人願意存錢了。如果市場上真有這麼好的投資商品，也不可能只有少數人知道；銀行、機構法人早就會搶光了。因此，絕對不要相信有這麼好的投資產品。雖然道理很簡單，但還是有很多人因為貪心，加上缺乏金融知識而一再受騙。

有句話講得好：「聽起來太好的事情，通常都不是真的。」下次如果你聽到有業務員向你介紹類似的投資商品，千萬別再相信了！

TANSTAAFL法則
　　風險帶來較高的投資報酬率

我們再看看另一個例子。同樣地，圖中橫軸表示時間，縱軸代表投資報酬率。現在人們所面臨的選擇不同，也比較傷腦筋了。因為這兩個投資工具中，A的投資報酬率並不永遠都高於B，而且A的投資報酬率很不穩定。

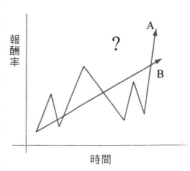

相對地，B的投資報酬率很穩定，但是有時投資報酬率會遜於A。所有人都希望獲得確定的報酬，也希望獲得高的報酬率。當兩者無法兼得時，願意承擔不確定性而追求可能的高報酬的人，就會選擇A；想要有確定投資報酬的人，就會選擇B。對於風險的態度，決定了你會將錢放在儲蓄上還是投資上。你不可能同時擁有高報酬和確定的報酬。在投資上，這兩樣東西不會同時存在於一個產品上。如果你曾經到過美國的芝加哥大學附近旅遊，就會看到許多商店賣一種T-Shirt，上面有一串英文縮寫字母：TANSTAAFL。剛看到的時候，你可能會覺得很奇怪，F知道是什麼意思，其實它代表的是：There are no such thing as a free lunch(天下沒有免費的午餐)。這句話運用在投資上非常貼切，想要追求高一點的投資報酬，就必須承擔較高的投資風險。記住，天下沒有免費的午餐！

利用常態分配圖 進一步認識投資風險

接下來,我們看一看衡量風險的方法。這裡會有一些統計學上的名詞與概念,沒學過統計學的人或許會感到陌生,但是不用擔心,這裡會用最簡單的方式來說明。

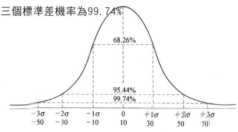

一個標準差機率為68.26%
二個標準差機率為95.44%
三個標準差機率為99.74%

在統計學上,表達風險值最著名的圖形,就是常態分配圖形。從這個圖形我們可以看到,許多事件出現的幾率如同鈴鐺的形狀:中間發生的機率最高,往左右兩邊延伸,發生的機率就會漸漸減少。

了解標準差的意義

在這樣的機率分配中,所有事件發生幾率的平均,稱為平均值,通常位於中間的位置。以此平均值往左與往右各34%的地方,稱為一個標準差(standard deviation),代表左右加起來共有68%的機會事件會落在這個區域內。若以股票為例,就是將過去長期間股票的報酬率拿來分析,其報酬率的圖形大致會呈現如圖的鈴鐺圖形。這些歷史資料的平均值,就是該股票的預期投資報酬率;而未來的報酬率,若與這個平均值不同的話,就是我們所說的投資風險。如果股票投資報酬率的平均值為10%而標準差為20%時,則未來會有68%的機率,該股票的年投資報酬率會落在30%(10%加20%)與-10%(10%減20%)之間,也就是一個標準差的範圍內。

標準差越大，代表該股票的風險越高，波動程度越大。反之，標準差越低，代表該股票的風險越低，波動程度也越低。如果把實際的股票數據代入為例，就會比較清楚了。

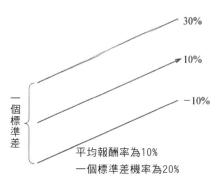

仔細看看下圖，你會發現大多數的時候，投資報酬率是落在30％與-10％之間，也就是一個標準差之間；同時你也會發現，有少數時候，報酬率可能會超出這個範圍，但可能仍在兩個標準差的範圍之內。兩個標準差的範圍是50％與-30％之間，根據統計學的定義，有95％的機率報酬率會落在這個範圍之內，換算成時間就是20年當中大概會有19年的報酬率落在這個範圍。

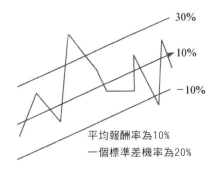

同樣的，三個標準差的範圍是70％與-50％之間，有99.5％的機率，報酬率會落在此範圍中，超出此範圍的機率非常低，大概只有0.5％，換算成時間來計算，大概是200年才會出現1年（2008年所發生的重大金融事件，就大約是200年才會發生一次的事件）。了解了投資風險的計算方式與意義之後，下次當你看到標準差的資料時，就應該更清楚它所代表的意義了，接下來我們來看一看風險的種類。

要獲取最大的回報 只承擔合理的風險

不同的投資，投資人需要面對不同的風險，不管通過哪種方法，風險都不可能完全被消除。但是通過充分了解與適當規劃，我們仍可以決定哪些風險是我們所願意承擔的，哪些是我們所不願承擔的。而且，承擔適度的風險會為我們帶來回報；如果沒有風險，我們根本就不可能有獲利的機會。但是，有些風險即使你承擔了，也不見得會有好的成果。因此，我們的目標是承擔合理且必要的風險，並得到最大的回報。

如何避開企業風險

每個企業都可能會因為不同的原因而倒閉，再大的企業都不能保證永遠經營。以美國為例，100年前，美國最大的公司都是鐵路公司，但現存的鐵路公司少之又少，規模也大不如前。

再以最近的例子來說，最著名的莫過於2008年9月12日美國雷曼兄弟的倒閉。在這之前，誰都不會相信這家全球著名的金融機構，竟然會在如此短的時間內就倒閉了。因此，企業風險是投資在單一股票上最需要注意的風險。

企業風險的例子不斷出現，也很容易理解。但慶幸的是，通過適當的方法，企業風險可以有效地被降低，甚至是消除。解決的方法就是：分散投資。「不要把雞蛋放在同一個籃子裡」就是分散風險的觀念。

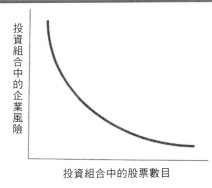

投資組合中的股票數目

如果你將資金全部放在單一的股票上（如很多雷曼兄弟公司的員工），萬一很不幸地，這家公司倒閉了，那所有的資金就泡湯了。但如果你將資金平均地分散投資在100家公司股票上，

即使其中一家倒閉了，你的損失只有總資金的1％。單一的公司可能會倒閉，但是100家公司都倒閉是不太可能的事情。

當你的投資組合中所持有的股票數目越多，企業風險就會持續下降。一般來說，要有效地降低企業風險，投資組合中至少要有15種以上不同的股票。你可能會想，我的投資資金並不多，要同時擁有15種股票需要一定的金額，怎麼做到呢？其實，有一種金融產品可以讓你輕鬆達到分散投資的效果：共同基金。通過共同基金，只要很少的金額，你就可以將資金分散投資在數十種甚至上百種股票上，充分達到分散風險的目的。

如何避開市場風險

即使你所投資的公司，獲利情況與財務結構都良好，其股票價格仍然可能會因為其他一些因素而下跌，造成投資損失，比如整體經濟環境惡化、戰爭、政局不穩等。

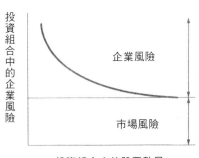

企業風險

市場風險

投資組合中的股票數目

分散投資對於分散市場風險並沒有效果

最明顯的例子就是2008年的金融海嘯。不論你當時持有多少股票，都很難避免手中股票價格的下跌。市場風險沒有辦法通過分散投資來降低，但是別擔心，這種風險雖然沒有辦法被分散，但它只對短期的投資有影響，如果是長期投資，並不太需要擔心市場風險，時間是對抗市場風險最好的方法。這也再一次告訴我們，股票不是短期投資的良好工具。

如何避開利率風險

利率是影響整體經濟相當重要的因素，也是各國央行用來控制通貨膨脹與經濟增長的最重要利器。中央銀行掌握利率的方式可以用開車來打比方：當我們在高速公路開車時，如果感覺速度太慢，可能會被後方來車撞到，就會踩油門加速，這就好像中央銀行感覺經濟增長太慢甚至是衰退時，就會降低利率來刺激經濟增長；而當車速太快，可能會撞到前方車輛時，就會採剎車以降低速度，這就像中央銀行發現經濟增長速度太快，通貨膨脹難以控制，就會提高利率以減緩經濟的增長。我們開車是通過油門與剎車把車速控制在安全範圍內，中央銀行則是運用升降利率來控制通貨膨脹與經濟增長。所以，利率會隨著整體市場景氣的改變而變動，當利率變動的時候，就會影響金融商品的投資報酬率，這就是利率風險。利率對三種金融商品的影響表現在以下幾個方面。

❶ 對存款的影響

利率下跌，代表存款所能夠獲得的利息變低。當景氣不好的時候，利率就會下降，存款的利息也就會減少。當景氣好的時候，利率會上升，存款利息也就跟著增加。

② 對債券的影響

當市場利率上升時，債券的價格就會下跌。原因很簡單，因為債券的持有人獲取的是固定利息收入，假設有個10年期債券，發行時利率為5％，且當時的市場利率也是5％，買進債券的人會在未來的10年，每年都固定獲取5％的利息。

如果一年後，市場的利率上漲為6％，這個債券就變得比較不吸引人了，因為它的利息低於市場利息，債券的價格因此就會下跌。相反的，當市場利率下跌的時候，債券的價格也就會上漲，因此，利率的變動會造成債券價格的上漲或下跌，這就是利率風險。

債券的利率風險，是很多投資人容易忽略的風險。近幾年，因為全球經濟的不景氣，許多人紛紛將資金從股票轉換成債券，其中許多是投資在新興市場的公司債券上。但是，很多人在考慮債券投資時只是考慮哪個債券的配息比較高，忽略了債券價格變動的因素。銷售債券的金融機構也只強調債券配息的多寡，刻意不提或輕描淡寫地帶過債券的利率風險。

現在全球的利率幾乎都維持在低點，未來利率上漲的空間應該遠高於下跌的空間，因此，現在利率風險並不利於投資債券，這一點應該特別注意。

③ 對股票的影響

影響股票價格的因素有很多，利率當然也是其中一種。一般來說，利率下跌對股票價格是有利的，因為當市場經濟不好而央行調降利率時，代表企業的借貸成本下降，對於獲利就會有幫助。

同時，因為市場的利率下降，使得股票相對變得較有吸引力，這些因素通常會使得股票價格上漲。但是，利率變動對於股票價格的影響，並不像利率對於債券價格的影響那麼直接，通常是利率下跌一段時間之後，股票價格才會有所反應。

因為利率大多是在景氣不好時調降，此時企業的獲利通常不會好，因此投資人會比較注意企業獲利狀況，而忽略利率的因素。例如美國聯邦準備理事會在2008年連續多次調降利率，2008年12月17日宣布大幅調降聯邦基金利率，由原來的調降為0～0.15％的歷史新低。但因為景氣的衰退，美國股市整年都呈現下跌走勢。所以，投資人不要只看到中央銀行調降利率，就認為股票要上漲了。

如何避開通貨膨脹風險

我們常常聽到一句話：「錢會越來越薄」。因為物價上漲而造成東西越來越貴，現在100元能夠買到的東西，在未來要100元以上才能買到。如果我們的資金成長速度趕不上通貨膨脹，那麼實際購買力就是虧損的。

根據我的觀察，通貨膨脹風險是人們最容易忽略的風險，因為它並不容易被察覺，就好像慢性病，平時不去治療，似乎也沒有什麼影響，但是時間拖久了，當發現需要治療的時候，通常都已經來不及了。

所以，通貨膨脹的風險是那些將錢放在儲蓄型商品上的人要特別注意的，雖然你避開了投資的不確定性，卻面臨著另一個更加致命的風險。

如何避開政治風險

政治風險，指的是因政局不穩或政府的財政不佳而造成金融市場的不穩定。此類風險最著名的例子就是美國的「9-11」事件，導致美國股市關閉兩周，道瓊斯工業指數則在重新交易後連續大跌。雖然政治風險並不經常出現，但其影響通常都是巨大的。

以上是在投資中會面臨的一些常見的風險。成功的投資規劃，就是在你所願意承擔的風險之下，追求最高的可能投資報酬率。

各種金融商品的投資風險比較

了解投資風險之後,我們就來看一看不同的投資工具在過去歷史資料中所表現出來的風險如何。如同前面所說,投資風險用標準差來表示,標準差的值越大,說明投資報酬率的變動越大,也就是風險越大。

下圖是美國從1926年到2014年,各種主要投資工具的投資報酬率與風險的數值。

從下圖中我們可以觀察到,除了存款之外,其他所有金融商品平均每年的風險都高於投資報酬。例如代表美國大型股票的指數,每年的平均投資報酬率是13%,而平均每年的風險是22%,這代表每年的投資報酬率變動有2/3的機率是介於-9%(13%減去22%)到35%(13%加上22%)之間,清楚地顯示了股票的波動是相當大的。

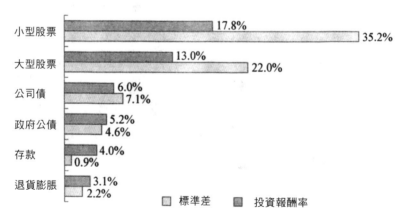

美國各種金融工具平均每年風險與報酬的統計
(1926~2014年)

看完了美國的資料之後，接下來我們看看全球其他地區的情況。接下來的圖，是全球除了美國之外，主要股票市場與債券市場的統計資料。

全球債券與股票投資風險（標準差）

從圖中我們可以了解，不論是哪個國家都具有相同的特性，那就是股票的風險值都高於債券。另一個現象就是，不論是在哪個區域或國家，長期下來股票的平均投資報酬率都是差不多介於8％到13％之間。

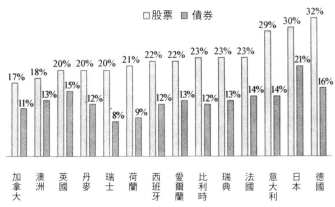

全球主要國家每年平均報酬率（％）

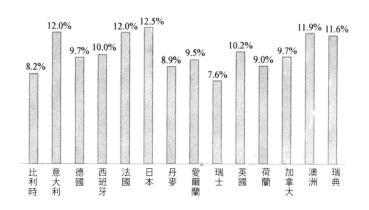

高風險的投資行為有哪些？

由於許多投資人對於風險的認知不清，所以常常使自己暴露在高風險的投資上，造成虧損慘重，以下就是幾種常見的高風險投資行為。

集中投資

有許多人喜歡將大部分的資金放在少數的股票上，其實再好的公司都有可能遭遇無法預期的事件，從而產生投資風險。美國花旗銀行針對高階管理人員提供了股票選擇權的優惠條件，很多花旗的管理人員也因此對花旗銀行的股價特別關心！

2008年9月雷曼兄弟倒閉之後，花旗銀行的股價大約每股20美元一路下跌，從過去的經驗來看，當花旗的股價跌到15美元以下，就是進場的好時機。果然，一個月之後，花旗銀行的股價就跌破了15美元。

此時許多「精明」的同事就開始大量買進，結果股價還是一路下跌。這時，更多的人開始說，如果跌到10美元以下，就算是借錢都要買，因為花旗銀行股價跌破10美元，已經是20年前的事了，而且之後最高漲到50元以上。

一個月很快過去了，花旗股價跌破了10美元，更多的人瘋狂搶進花旗的股票，而且這些「精明」的投資人都認為這是他們最明智的一次投資行為。結果，6個月之後，花旗銀行的股價竟然跌破1美元！

擴張信用的交易

許多人買賣股票都喜歡用融資，也就是借錢的方式來交易，這就是擴張信用，屬於高風險的投資行為。實際上，只有非常少數的人能因此而獲利，多數人都會虧損。當你使用擴張信用交易時，很容易受股票市場短期變動的影響，但沒有人可以準確地預測股市行情，越注意短期波動，就越容易做出錯誤或衝動的決策。

投資在期貨、認股權證等衍生性商品

投資就如同念書一樣，要循序漸進，按部就班。一開始先將錢放在存款，這就像小朋友一開始先念小學。小學念完了，完全了解存款的性質之後，就應該念初中，將錢從存款中拿出一些放在債券上。初中畢業後，了解了債券的特性，繼續念高中，開始接觸並投資在股票型的共同基金上。高中念完之後，如果你認為對於金融產品已經了解夠深了，才可以念大學，也就是自己投資股票。

絕大多數投資人能夠在投資的學習上，到達這個階段就已經很足夠了，不需要再研究下去，因為那是屬於專業人士的領域。而期貨、選擇權、認股權證、外匯保證金交易這些衍生性金融商品，就是屬於「研究所」程度的商品，並不建議一般的投資人去投資。

因為即使是專業人士，都無法保證能在這些金融商品上獲利，更何況是一般的投資人。許多公司法人是利用這些產品來避險，但是這些都是具有高信用擴張、高風險的產品，一般投資人將錢放在這些地方不是投資，而是投機了。

「絕對報酬率」VS「相對報酬率」

投資風險，指的是投資報酬在未來的不確定性與波動程度。然而，大多數人並非從這個角度來認定投資風險而是將投資風險視為投資本金可能損失的機率。所以更精確地說，應該是大多數投資人「不喜歡損失投資本金」，而不是「不喜歡承擔投資風險」。

因此，只要投資報酬率是正的，相信許多投資人應該都可以接受投資報酬在特定期間內浮動。投資人的這種心理還會造成另一個影響，那就是只在意投資的「絕對報酬率」而忽略「相對報酬率」，這是什麼意思呢？假設有下列兩種情形：第一種情況是在通貨膨脹為12％時，投資報酬率為5％；第二種情況是當通貨膨脹率為2％時，投資報酬率為-3％，你覺得哪一種情況比較好呢？

相信大多數人希望是第一種，因為投資報酬率是正的。但你要知道，正確的選擇應該是第二種，因為第一種情況的投資人在扣除通貨膨脹之後，實際的投資報酬率是-7％，而第二種情況的投資報酬率是-5％。

這個例子告訴我們，通常人們只在意絕對的投資報酬率。這也解釋了，為什麼在當今存款利率如此低的狀況下，還是有許多人將錢放在銀行定存，而不願意投資在股市了。其實，投資報酬率的波動並不是最主要的風險，通貨膨脹才應特別注意。

什麼才是永久的損失？

只要有正確的心態，投資風險並不可怕，甚至還會成為你獲利的重要因素。假設有一天你做夢夢到有人告訴你彩票的中獎號碼，你很強烈地認為這是你賺大錢的難得機會，於是你決定花10萬元去買彩票，希望自己能成為億萬富翁。很可惜，這10萬元都沒有中獎，之後就算下一期所開出來的號碼是你所夢到的數字，也沒有意義了，因為你之前的10萬元已經不可能回來了，這種損失是永久的損失。回到投資股票之上，假設你決定把10萬元投在一個分散在股票市場的共同基金組合，很不幸的，第一年因為經濟衰退，你的投資虧損了20％。發生這種情況，很多人都會非常憂心，開始考慮是否應該轉到其他金融商品上，但如果你真的這樣做，即使第二年股市開始上漲，卻與你無關了，因為你所虧損的20％已經永遠一去不復返了。

市場上很多人會告訴你，投資要設止損點，以免投資下跌時虧損繼續擴大。這種說法既對也不對，如果你所投資的是單一股票、期貨、選擇權或是認股權證等風險較高的產品，則止損點是絕對必要的。但如果你投資的是分散的股票市場（如共同基金產品），則不需要設立止損點。只要你願意相信不管發生什麼事情，全球的經濟仍然會每天持續運作，股票的價格也總會有回復的一天。「9-11」事件，有許多人認為世界即將毀滅，於是將手中的投資瘋狂賣出。結果，一個月之後，股市就回到「9-11」之前的水平，當時不理性瘋狂賣出的人都成了最大的輸家。

你要知道最好與最壞的情況

很多人在做決策的時候都會先評估一下,最好的情況是如何?最壞的情況又會是如何?只要最壞的情況是能夠承受的,就可能會投資。所以,我們就來看一看不同的金融產品可能面臨最好與最壞的情況會是什麼。

從過去美國市場60年的歷史資料來看,如果將錢放在不同的金融產品中20年,最好與最壞的情況會如下圖所示。我們發現如果投資在美國大型股票連續20年,即使很不幸的,在表現最不好的20年當中投資,其結果也幾乎與放在存款中最好的時間相當(6.53%與7.72%)。

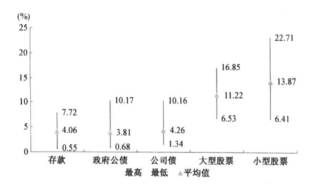

美國過去60年中投資各種
金融工具20年所獲得的投
資報酬率(%)

從平均的投資報酬率來看,投資在美國大型股票的平均報酬率都高於所有儲蓄型金融產品(存款與債券)的最好報酬率(11.22%>10.17%>10.16%>7.72%)。這個結果應該再清楚不過了,當你需要規劃長期的投資目標,如子女教育金或退休金時,你應該將資金放在哪種產品上呢?

戰勝通貨膨脹的絕招

在前面關於風險的種類介紹中，我們曾經提到，通貨膨脹就如同慢性病，會慢慢地侵蝕掉我們的健康，最後造成巨大的傷害。我們來看一看，當有兩個長期投資人，其中一個人決定將資金投資在大型股票上，另一個人決定投資在政府公債上，20年後所能抵抗通貨膨脹的程度差異如何？

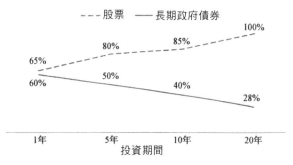

在過去70年當中，投資股票與債券打敗通貨膨脹的機率

圖中可以清楚看出，當投資的期間只有1年時，投資股票與投資債券打敗通貨膨脹的機率差不多，各是65％與60％。但是當投資的期間拉長後，投資股票能夠打敗通貨膨脹的機率就開始上升，當投資期間達到20年的時候，投資在大型股指數的人，其戰勝通貨膨脹的機率是百分之百。相對地，當投資期間拉長時，投資長期政府公債而能打敗通貨膨脹的幾率開始下降，若投資期間達到20年時，持有政府公債的人只有28％的機率勝過通貨膨脹！

現在你應該了解，投資股票的風險其實不如多數人所想的那麼高。投資股票的期間越長，投資風險就越低，因此，時間的長短是決定投資股票是否成功的重要因素。

不要讓投資行為
陷入無謂的重覆中

最常聽到別人抱怨就是：「基金過去的績效看來好像都不錯，但是為什麼自己投資的基金都不會賺錢？」你是否也有相同的想法呢？其實，大多數投資人投資基金沒有獲利，並不是基金的績效不好，而是投資人因為害怕投資風險，做出錯誤的投資決策進而導致投資虧損。下圖顯示了，當股價或是基金價格變動的期間，一般投資人是如何面對這個投資風險的。

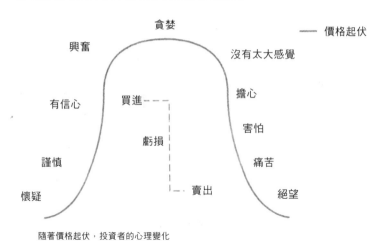

隨著價格起伏，投資者的心理變化

風險如何影響投資行為

通常，投資人不會在股市或基金剛開始上漲的階段買進，因為此時心中仍充滿了懷疑。當股市或基金上漲到一定程度之後，才開始慢慢有投資人願意小筆投入，但在心態上依舊相當謹慎。

接著，市場繼續上漲，投資人的信心也逐漸增強，投入的資金也增加了，大多數投資人會在這個階段投入資金。之後市場持續上漲，報紙、雜誌也都是一片看好，投資人開始賺到一些錢，感覺越好，資金的投入也越多，一些原本不敢投資的人也在此時開始投資。

資金的流入在投資人普遍的貪婪心態中，達到最高峰。不久後，市場開始小幅下跌，此時，投資專家告訴你，這是漲高應有的回檔，屬於正常現象，不需要擔心，所以你也就很放心，不去管了。

但是幾個月後，市場仍然持續下跌，眼看著先前所累積的投資報酬已經慢慢回到原點了，心裡開始有點緊張，甚至是害怕，漸漸有了想要賣出的念頭，不過你仍不甘心現在就賣出，希望等市場上漲一些再賣掉。結果天不從人願，你發現你的投資開始產生虧損了！你開始覺得痛苦，賣出的想法也越來越強烈，心想，只要等到投資回到投入本金的水準，沒有虧損時就賣掉。

但是，市場並沒有出現預期的反彈，報紙雜誌上都是對市場的悲觀看法，投資專家告訴你現在手中應該持有現金，現金為王。於是，你就在絕望中賣掉了投資，認賠殺出，並且告訴自己，從此不再接觸任何投資商品，並將錢放在存款中，雖然利息很低但至少不會賠錢。

過分猜測市場 導致錯誤的投資

如果你曾經投資過股票或基金，你會不會覺得上述的過程很熟悉呢？因為股票市場就在這幾年中，經歷了這樣的過程，而這個過程也一定會再重演。事實上，我認為現在就是另一個投資循環的開始。如果能從上一次的投資教訓中，學習到正確的投資觀念，下一次投資機會來臨時，你就能夠真正獲利。

2001年，美國一家著名的研究機構Dalbar發布研究結果：從1984年到2000年之間，美國標準普爾500指數的報酬率，每年平均為16.29％。但相對地，同時期投資在該指數股票基金的投資人，平均只得到每年5.32％的報酬率，這說明了人們因為想猜測市場進出的時間點，導致錯誤的投資決策，嚴重影響了投資報酬率。

在投資中 承擔風險是必須的

成功的投資人必須要有承擔風險的意願，承擔了風險就必須面臨不確定的未來。同時，成功的投資人也知道，有風險的產品不會每天都呈現上漲的走勢，漲跌都是正常現象。成功的投資人也不會去猜測何時上漲、何時下跌，因為如果能被猜到的話，那就不是具有風險的產品了。

在這裡，我再提醒一次，如果有人告訴你他可以準確預測市場何時上漲何時下跌的話，不用懷疑，絕對是騙你的。如果他真的有這種能力，根本不用告訴你，他自己可以很輕鬆地成為全世界最有錢的人。

筆記欄

教你打造
低風險投資組合

教你打造 低風險投資組合

相信許多人都有過類似的經驗，那就是當報紙雜誌都對股票市場一片看好，而自己研究後也認為股價應該會繼續上漲，於是就開始投資，然而股票價格卻不如預期般上漲，反而下跌。為什麼會這樣呢？應該怎麼投資才能賺錢呢？這是許多人心中的疑惑。其實，一般人在投資時最常犯的錯誤是，抱著「投機」的心態，全憑運氣來決定賺錢或虧損，通常是追逐當時最熱門的股票，或相信最當紅的「分析師」。當你明白兩大重要投資理論後，就自然學會打造低風險的投資組合。

認識兩大重要投資理論

如果你對於投資理論有了基本的認識，就不會如此盲目，進行投資決策也不會沒有方向。但很可惜的是，大多數人對投資理論或研究結果都相當陌生。即使是在金融界工作的人，也不見得願意花時間去了解投資理論，以至於人們經常會聽到一些似是而非的觀念，進而承擔過多不必要的風險，這就是投資專業不足所造成的盲點。接下來，讓我們花點時間，一起來認識投資理論的內容。

重要投資理論之一：股價隨機走勢理論

股票價格可以預測嗎？很早之前，在學術界就有人針對這個問題進行研究。法國的路易斯‧巴契爾(Louis Bachelier)是目前公認最早針對股價隨機走勢理論(Random Walk Theory)進行研究的人。

巴契爾在 1900 年寫了一篇名為《投機理論》(Theory of Speculation)的論文，並以這篇論文申請成為巴黎學術界的教員之一。在這篇文章中，巴契爾首次提到 ：「在股票價格的歷史變動資料中，並沒有任何有用的資料存在。」這個論點成為其後隨機走勢理論的開端。但是，當巴契爾將他的理論提給教授時，教授並不欣賞他的創見，反而譏笑他，認為他的發現根本不值得一提，巴契爾也因此無法順利成為巴黎大學的教授，終其一生只能在巴黎郊區一所不知名的學校任教。而他的研究一直到半個世紀後，才開始受到重視。

支持隨機走勢理論的保羅‧庫特南

美國麻省理工學院教授保羅‧庫特南(Paul Cootner)在1964年，發表了一篇搜集所有關於「股票價格為隨機走勢」名為《股票價格走勢的隨機特性》(The random character of stock market prices)。在這篇報告中，庫特南完整地將巴契爾於1900年發表的論文翻譯成英文，並公開讚揚巴契爾的卓越創見。

股價隨機走勢理論的主要論點是：「股票的價格是被不斷出現的消息所影響的，這些消息大從全球景氣的變動，小至公司內部主管的異動。因為一直有無法預期的消息在不斷影響著股價的變動，因此股票價格的變動，是隨機且無法預期的。」

支持隨機走勢理論的保羅‧薩繆爾森

保羅‧薩繆爾森教授是美國第一個獲得諾貝爾經濟學獎的人，他最著名的著作就是已經再版多次的《經濟學》(Economics)，此書於1948年問世，之後就成為經濟學門中最著名的經典教科書了。

薩繆爾森很推崇巴契爾，他在一間法國的圖書館中發現了巴契爾的研究報告，隨後就謹慎地驗證其理論，並於1965年發表一篇名為《股價隨機變動的實證》(Properly Anticipated Prices Fluctuate　Randomly)的論文，將巴契爾的理論發揚光大。

薩繆爾森也認為，對於一家公司實際價值的最佳衡量指標，就是股票市場中隨時變動的股票價格。就算股價不一定能非常精確地代表了一家公司的價值，但是，也沒有比所有買家與賣家共同決定出的價格更好的衡量方式了。當然，不是所有的投資學者都認同這個看法，有的人(例如股神巴菲特)就認為股價並不能真正反映出公司的實際價值，而聰明的投資人是有可能發覺被市場低估的公司，並以獲利。薩繆爾森則認為這種機會相當稀少。

股價隨機走勢理論得到了初步的証實

1932年，阿費得‧卡羅斯(Alfred Cowles)贊助成立了卡羅斯數量經濟學研究委員會(Cowles Commission for Research in Econometric)以及該學會的期刊。這個研究委員會在1939年遷到了芝加哥大學，1955年再遷到了耶魯大學，並重新改名為卡羅斯基金會(Cowles Foundation)。

幾乎美國每個得過諾貝爾經濟學獎的學者，都在卡羅斯所創立的研究委員會中做過研究。1938年，為了衡量股市的脈動，卡羅斯希望能有一種指數代表一般投資人投資在股票市場的經驗值，於是創立了一個市場指數，就是日後非常著名的美國標準普爾500指數(Standard Poor's 500 Index，簡稱 S&P 500)。由於卡羅斯在 1929 年沒能準確預測美國股市的大崩盤，因此，他決定加強對股票統計分析的能力，並希望能設計出擊敗大盤的投資組合。卡羅斯心想，是不是他所看的報告不夠多，一定有其他研究機構已經預測到大崩盤了。

於是，卡羅斯分析了1929年之前4年將近1200份的股票研究報告，這些報告大都出自當時最大的20家保險公司。分析之後，卡羅斯於1933年1月將他的結論發表：《股市專家有能力預測股票市場嗎》(Can Stock market forecasters forecast)。結果出人意料，他的結論是否定的。

在這1200 份股票研究報告中，並沒有任何一份報告在股市崩盤之前，就明確地預測股市將大幅下跌。這項研究為股價隨機走勢理論做出了初步的證實，也開啟了之後效率市場(Efficient Market Hypothesis) 的研究。卡羅斯在1944發表了他的後續研究，這次他分析了6900份股票研究報告，並再一次證實，沒有任何機構的股票研究專家能證明其有能力預測股市。

雖然這些證據都表明預測股市幾乎是不可能的，但是卡羅斯認為，人們還是「願意」繼續相信專家們針對市場所做的預測，相信「一定有人」能夠準確地預測股市，因為如果沒有人真正擁有這種能力的話，他們會感到更害怕。

現在是21世紀，距離股市隨機走勢理論的問世已有100多年。雖然這個歷久不衰的投資理論，經過無數的學者證實其真實性，但很可惜的是，很多人沒有聽過這個理論，就算是知道這個理論的人，可能也只有10％不到的人「願意」相信這個理論。

重要投資理論之二：現代投資組合理論

在當時的經濟學領域中，股票投資並不被認為是一門學問，只被視為那些貪婪的商人賺錢的工具。這種「低俗」的賺錢工具根本不值得研究，不過，如果當年沒有馬科維研究了現代投資組合理論，也沒有今天的股神巴菲特。

現代投資理論發展史上，最著名的理論應該是半個多世紀前，哈裡·馬科維茨（ Harry Markowitz)在他的博士論文中所提出的觀點：投資組合選擇(Portfolio Selection)。1952年某個下午，馬科維茨坐在芝加哥大學圖書館裡，正讀著一本關於股票市場投資的書，當年25歲的他，突然想到當人們投資股票市場時，除了關心未來的投資報酬，應該也會考慮投資所帶來的風險；這個現在看起來理所當然的觀點，在當時卻是很新的一種想法。

根據這個想法，馬科維茨在1952年發表了一篇名為《投資組合選擇》(Portfolio Selection)的博士論文，並於1959年出版了著作《投資組合的選擇：效率分散》(Portfolio Selection： Efficient Diversification)。這項偉大的研究，為馬科維茨贏得了1990年的諾貝爾經濟學獎。不過，當初他以此為主題撰寫博士論文，在口試的時候差點無法過關。因為相對於其他相關學科，如經濟學、會計學等，投資學的研究與發展在當時是非常新的。有很長一段時間，經濟學家甚至不願意花時間去研究股票市場，因為他們認為這是很俗氣的事。

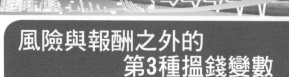

風險與報酬之外的
第3種搵錢變數

首先馬科維茨假設，人們都討厭風險。他將風險定義為預期投資報酬率的標準差，我們之前也解釋過。但是不同於以往只研究單一股票的風險，馬科維茨率先提出，應該以整個投資組合的風險來觀察。這個觀點打破了以往認為投資產品只有兩個影響因素，就是「風險」與「報酬」，而加上了第三個影響的變數：投資組合中各股票相互之間影響的程度（又稱為相關系數，correlation）。

相關系數的觀念很簡單，就是如果有兩種股票的變動方向總是同步的話，這兩種股票是完全正相關，其相關系數是1。相反的，如果這兩種股票總是以相反的方向變動，且變動的幅度都一樣，我們就稱其為完全負相關，相關系數為-1。而如果兩種股票相互之間的變動完全都沒有關係時，則為完全不相關，相關系數為0，任何兩種股票間都會有一個相關系數，介於1與-1之間。

舉例來說，A電力公司與B電力公司這兩家公司的營業項目幾乎相同，影響其營運的因素也都很類似，因此我們就可以合理預期，這兩家公司股價的變動方向相同且變動幅度很接近，也就是這兩個股票之間有很高的正相關系數。

再看看另外的例子，一家以進口物品為主的公司，與另一家以出口物品為主的公司，當貨幣匯率貶值時，以進口為主的公司，會因為價格變貴而降低獲利，股價就容易下跌；反之，以出口為主的公司，則會因為出口成本變得便宜，競爭力增加，獲利也會增加而帶動股價上漲。所以，我們可以合理預期，當匯率變動的時候，這兩家公司的股票價格會以相反的方向來變化，也就是說相關系數是負的。

相關系數怎麼運用在投資上

了解了相關系數後，你可能還是覺得奇怪，這與投資有什麼關係呢？如何運用相關系數來增加我的投資報酬率呢？我們現在就來探討，如何將相關系數的特性運用到投資上。假設市場上有一個高風險、高預期投資報酬率的股票A，其過去的變動如下圖所示，橫軸代表時間，縱軸代表投資報酬率。

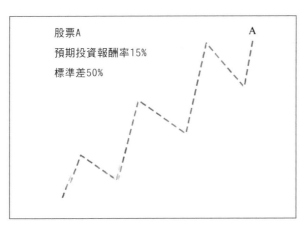

股票A的走勢

再假設另一個也是高風
險、高報酬的股票B，
其過去的變動如右圖所
示。同樣地，橫軸代表
時間，縱軸表示投資報
酬率。

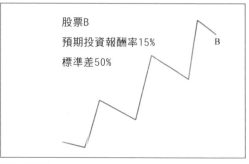

股票B
預期投資報酬率15%
標準差50%

股票B的走勢

假設股票A與股票B兩者具有完全的負相關，也就是相關系數為
−1。個別來看，股票A與股票B雖然都具有高報酬15％的優點，但
同時也都有高風險(標準差50％)的特性。所以，對許多人來說可
能都不是好的投資選擇，如果沒有其他更好的選擇，許多人可能
就寧願將資金放在儲蓄型工具上。

但如果將資金平均投資在這兩家股票上，構成一個投資組合如下
圖所示，就會產生極其美妙的結果：這個組合居然會是具有高報
酬且零風險的良好投資組合！最令人討厭的投資風險不見了，而
投資報酬率一點都沒有減少，投資在股票A的虧損會被股票B的獲
利所抵消，反之亦然。由於兩個股票都有正的預期報酬率，因此
這個投資組合也同樣具有高報酬的特性。

只要不是正相關　就能降低風險

當然你可能會想，有兩個完全負相關的股票嗎？沒錯，在實務上
我們幾乎不可能找到兩個完全負相關的股票，上述的例子只是為
了讓你方便了解投資組合的原理。

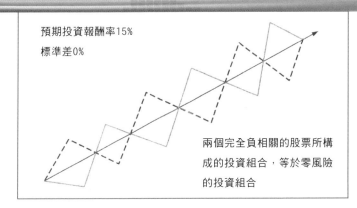

預期投資報酬率15%
標準差0%

兩個完全負相關的股票所構
成的投資組合,等於零風險
的投資組合

股票A與B結合在
一起,產生了奇
妙的效果

但是,你也不要失望,因為我們並不需要真正找到完全負相關的
股票,只要不同的股票間不是完全的正相關,也就是說兩者的相
關系數小於1,將這些股票組成投資組合就能降低風險。

因此,只要分散投資,風險都是會下降的。這個看似簡單易懂的
觀念,就是馬科維茨帶給我們的偉大發現,也是影響其後數十年
投資組合理論的重要起點。自此以後,人們可以將不同的股票,
組合成一個投資組合,同時享受風險降低,投資報酬又不會降低
的好處了。

馬科維茨是投資理論中第一個量化投資風險的人,在這之前,投
資風險是個很模糊的名詞,無法被量化與解釋。他的貢獻就在於
成功地將投資風險量化,同時也建立投資組合的概念,以平衡該
組合的投資報酬與投資風險。但是懂得這些還不夠,因為投資組
合需要不同的股票共同構成,但是可能的組合方式卻有無限多
種,到底哪種投資組合是最好的呢?馬科維茨告訴我們「效率前
緣」的觀念。

效率前緣法則
教你找出最佳回報率

馬科維茨認為，在一個具有不同股票的投資組合中，在每個特定的風險之下，只會有一個「最佳」的投資組合，此組合具有「最高」的投資報酬率，而這些不同的風險與最佳報酬率組合所構成的曲線，他稱之為效率前緣(efficient frontier)。

換句話說，在效率前緣之上的投資組合都是「最有效率」的投資組合，也是人們最應該選擇的組合。其他沒有落在效率前緣的組合屬於「無效率」的組合，應該盡量避免。如下圖所顯示，在效率前緣上的投資組合，代表在一定投資風險下，所能得到最高預期報酬的投資組合。換個角度說，就是在一定的預期報酬下，投資風險最小的投資組合。而所有在效率前緣以下的組合，都是比較不好的投資組合。

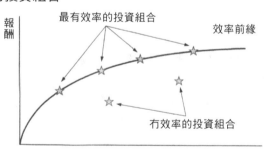

效率前緣法則

如何選出最佳的投資組合

但是落在效率前緣的投資組合就有很多個，到底投資人應該選擇哪一個呢？答案是：一、投資人必須先決定自己想承擔的風險是多少；二、等風險確定之後，就能夠決定最佳的投資組合了。

馬科維茨在20世紀50年代開始針對投資這個主題進行研究時，當時市場上最被接受的投資論點是，尋找未來最有投資潛力的股票，然後將所有的資金投在這個股票上，也就是將雞蛋全部放在一個看起來最穩固的籃子裡。這種投資方式也有一群追隨的投資人，但要使用這種方式成功投資，需要相當卓越的研究分析技巧，而使用此方式最著名的例子就是股神巴菲特。許多人都號稱採用了巴菲特的方式，但是目前為止真正成功的只有巴菲特一人，可見難度之高。相反的，馬科維茨所提出的分散投資方式，雖然無法跟巴菲特卓越的投資績效相比，卻是人人都可以輕鬆採用的方法。

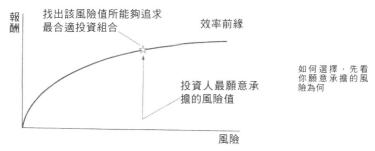

馬科維茨提出他的結論：「投資風險是整個投資過程的中心」。同時他也告訴我們，想要得到較高的預期投資報酬，唯一的可能就是承擔較高投資風險，但是較高的投資風險又代表著可能產生較高的投資虧損，換句話說，投資就是必須在投資報酬與風險中取得平衡點。效率前緣的觀念給了投資人一個新的方向做投資決策。每個投資人都可以先決定其所願意承擔的風險，然後尋找能夠產生最高投資報酬率的投資組合。有了馬科維茨的貢獻，投資組合不再難以理解。雖然，至今投資學仍不是一門完全科學化的學問，但至少已經向前跨出了一大步了。我們現在就來看一看投資理論的實際運用。

如何實際運用效率前緣法則
創造高獲利、低風險的可能

假設陳先生在經過數十年辛苦工作之後，好不容易等到可以退休的年齡，領了一筆退休金，因為珍惜並且害怕這些退休金會縮水，因此選擇了最安全的存款，希望靠利息來度過未來的退休生活。

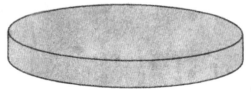

預期投資報酬率5%　　標準差5%

存款佔100%

一開始，陳先生先把錢全部放在存款中

陳先生開始了他的退休生活，雖然存款的本金是相當安全且不會虧損的，但是過了一兩年後，他發現存款的利率開始下降，光靠利息已經很難讓他過上舒適的退休生活，但將錢都轉到其他有風險的投資工具又讓人不放心，這下子怎麼辦呢？

如果沒有馬科維茨的投資組合理論，想要增加資金的報酬率，傳統的做法就是增加投資風險。過去的觀念認為，報酬率與風險是同步增加或減少的，不可能一方面期待報酬會增加，另一方面卻又想避免風險。而比存款風險稍高的金融工具就是政府公債，其次是公司債券，但是這些選擇又違背了陳先生不想增加風險的初衷。這個時候，馬科維茨的投資組合的觀念，就可以提供一個適當的解決方案。

如果將退休金部分分配在債券，部分分配在股票上，結果會怎麼樣呢？陳先生很驚訝地發現，加入風險更高的產品竟然會使整個組合的風險降低。

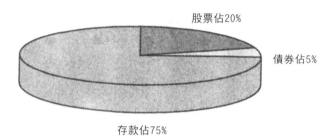

預期投資報酬率5%　標準差4%

股票佔20%

債券佔5%

存款佔75%

調整投資的分配，風險降低了

或者換一個方式，在不增加投資風險的情況下，但是投資報酬率卻會增加。

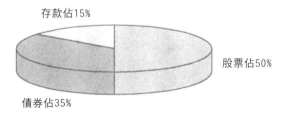

預期投資報酬率8.4%　標準差5%

存款佔15%

股票佔50%

債券佔35%

再次調整，風險不變，報酬率卻更高了

這就是馬科維茨的偉大之處，它顛覆了我們傳統的想法，帶給我們高獲利、低風險的可能。

投資組合無法完全消除風險

在本章中，我們了解了投資理論的發展過程，也學習了如何運用分散投資工具來增加投資組合的投資報酬率，並降低投資的風險。目前許多香港人的股票投資組合，大多是集中在本地的股票市場中，如果將股票投資組合，分散一部分到海外的股票市場，將可以有效地降低投資風險而且能夠提高投資報酬率。

例如，原本只投資中國股市的人，如果在組合中加入國際股市的投資，這將會使投資組合的風險降低，全球投資帶給投資人的最大優點就是降低風險。而且，中國股市只佔全球股市的一小部分，如果想要得到較高的投資報酬，並且承擔合理投資風險，就一定要投資在國際股市。只投資在香港股票市場，就如同只在一個小池塘裡釣魚，雖然這個池塘裡面的魚種與特性你都很清楚，但是畢竟池塘太小，機會也太少；如果你願意將釣魚的地方換到更大的湖甚至是海上，機會將會增加許多。

雖然投資組合具有這些優點，但是我們應該要清楚認知，投資組合無法完全消除投資風險，整個投資組合仍會波動而且難以預測，只是它的波動程度會比單一股票要低，也比較容易控制。

筆記欄 ————————————————————

決定投資回報率的絕對因素

決定投資
回報率的絕對因素

美國三位學者Gary P. Brinson, L.Randolph Hood與Gilbert
Beebower，曾經做了一份相當完整的研究，並發表於1986年7月
的《財務分析月刊》(Financial Analysts Journal)中。這三
位學者想知道，到底是什麼因素在影響不同基金間的投資回報
率。他們選擇了91個非常大型的退休基金作為研究樣本，規模
從1億美金到30億美金不等。他們觀察這些退休基金從1974年到
1983年這10年中的表現。結果，他們最後得出來的結論是，資產
配置是決定投資回報率的絕對因素。也許，你看了以下篇幅，也
會認為，投資組合報酬的90％是由資產配置來決定的。

他們首先假設有四個因素可以決定這些退休基金的投資績效：投資組合資產配置的策略、選股的能力、預測市場漲跌的能力與投資成本。經過完整的資料整合與精細的統計分析之後，他們得到意外的結果。在上述的四項因素中，退休基金的績效竟然有93％與資產分配策略有關！其他三個因素只佔了7％。

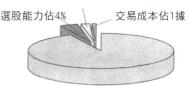

預期市場漲跌時間佔2%

選股能力佔4%　　　　　交易成本佔1據

資產配置佔93%

各個因素對於投資績效的影響程度

所以，一旦你決定選擇了某個投資組合，其資產配置的方式（也就是股票、債券與現金的分配比例）就已經決定了93％的投資回報率。即便該投資組合之經理人的選股能力、預測市場漲跌的能力比其他經理差，你所獲得的投資回報率也不會比其他投資組合差多少。

這項研究的結果與多數投資人的想法差距很大，過去我們總認為，選股的能力與預測市場漲跌的能力是最重要的因素，現在則了解這只是被媒體過度跨大了。資產配置方式事實上幾乎已經決定了投資回報率。

資金該如何分配

如果你相信，投資組合回報率最重要的因素是資產配置，那麼當你想要追求較高的投資報酬時，就應該將大部分的時間精力放在最重要的因素上。你的焦點要集中在資金的分配上，而不是研究哪家股票可以買，何時應該買等問題。

你永遠不會事先知道
哪個市場的表現最好

我們都知道，不同的金融資產在不同時期的表現都會不一樣，這主要是由景氣循環造成的。有的金融資產，如債券，會在利率下跌的時候表現好，而股票通常是在景氣復甦與繁榮階段表現最好。不同的國家也會因為景氣循環的不同，即使同樣是股票資產，也會有不同的表現。

雖然有很多專家花了很多時間，每天研究景氣循環，希望能夠找出未來表現最好的金融資產，但很少有人能正確預估未來的明星資產。在下頁中，有專家曾經作出研究，將1988年到2006年期間，全球主要指數的投資表現列成一張表。在不同的時期，各種資產會有不同的表現。

從這張表中，我們可以清楚地看到，每年表現好的資產類別都會變動。如果投資者追逐當時表現最好的資產，並將所有的資金都投入該資產中，從歷史資料來看，似乎不是個聰明的投資方式。

美國知名投資家查爾斯‧埃利斯(Charles Ellis)在1985年出版的《投資方針》(Investment Policy)中就提到：「資產配置，是投資人所能做的最重要投資決策。」再次提醒大家，沒有人有能力預期下一個階段的贏家在哪裡，因此，最好的方法是將資金分配到各個資產上，充分運用分散投資的好處。

全球主要指數的投資表現

*按報酬率的高低由左至右排列

年								
1988	Russell 2000 Value 29.47%	MSCI EAFE 28.26%	Russell 2000 25.02%	S&P/Citi 500 Value 21.67%	Russell 2000 Growth 20.37%	S&P 500 Index 16.61%	S&P/Citi 500 Growth 11.95%	LB Agg 7.89%
1989	S&P/Citi 500 Growth 36.40%	S&P 500 Index 31.69%	S&P/Citi 500 Value 26.13%	Russell 2000 Growth 20.17%	Russell 2000 16.26%	LB Agg 14.53%	Russell 2000 Value 12.43%	MSCI EAFE 10.53%
1990	LB Agg 8.96%	S&P/Citi 500 Growth 0.20%	S&P 500 Index −3.11%	S&P/Citi 500 Value −6.85%	Russell 2000 Growth −17.41%	Russell 2000 −19.48%	Russell 2000 Value −21.77%	MSCI EAFE −23.45%
1991	Russell 2000 Growth 51.19%	Russell 2000 46.04%	Russell 2000 Value 41.70%	S&P/Citi 500 Value 38.37%	S&P 500 Index 30.47%	S&P/Citi 500 Growth 22.56%	LB Agg 16.00%	MSCI EAFE 12.14%
1992	Russell 2000 Value 29.14%	Russell 2000 18.41%	S&P/Citi 500 Value 10.52%	Russell 2000 Growth 7.77%	S&P 500 Index 7.62%	LB Agg 7.40%	S&P/Citi 500 Growth 5.06%	MSCI EAFE −12.18%
1993	MSCI EAFE 32.57%	Russell 2000 Value 23.77%	Russell 2000 18.88%	S&P/Citi 500 Value 18.61%	Russell 2000 Growth 13.37%	S&P 500 Index 10.08%	LB Agg 9.75%	S&P/Citi 500 Growth 1.68%
1994	MSCI EAFE 7.78%	S&P/Citi 500 Growth 3.13%	S&P 500 Index 1.32%	S&P/Citi 500 Value −0.64%	Russell 2000 Value −1.54%	Russell 2000 −1.82%	Russell 2000 Growth −2.43%	LB Agg −2.92%
1995	S&P/Citi 500 Growth 38.13%	S&P 500 Index 37.58%	S&P/Citi 500 Value 36.99%	Russell 2000 Growth 31.04%	Russell 2000 28.45%	Russell 2000 Value 25.75%	LB Agg 18.46%	MSCI EAFE 11.21%
1996	S&P/Citi 500 Growth 23.97%	S&P 500 Index 22.96%	S&P/Citi 500 Value 22.00%	Russell 2000 Value 21.37%	Russell 2000 16.49%	Russell 2000 Growth 11.26%	MSCI EAFE 6.05%	LB Agg 3.64%
1997	S&P/Citi 500 Growth 36.52%	S&P 500 Index 33.36%	Russell 2000 Value 31.78%	S&P/Citi 500 Value 29.98%	Russell 2000 22.36%	Russell 2000 Growth 12.95%	LB Agg 9.64%	MSCI EAFE 1.78%
1998	S&P/Citi 500 Growth 42.16%	S&P 500 Index 28.58%	MSCI EAFE 20.00%	S&P/Citi 500 Value 14.69%	LB Agg 8.70%	Russell 2000 Growth 1.23%	Russell 2000 −2.55%	Russell 2000 Value −6.45%
1999	Russess 2000 Growth 43.09%	S&P/Citi 500 Growth 28.24%	MSCI EAFE 26.96%	Russell 2000 21.26%	S&P 500 Index 21.04%	S&P/Citi 500 Value 12.73%	LB Agg −0.82%	Russell 2000 Value −1.49%
2000	Russell 2000 Value 22.83%	LB Agg 11.63%	S&P/Citi 500 Value 6.08%	Russell 2000 −3.02%	S&P 500 Index −9.11%	MSCI EAFE −14.17%	S&P/Citi 500 Growth −22.08%	Russell 2000 Growth −22.43%
2001	Russell 2000 Value 14.02%	LB Agg 8.43%	Russell 2000 2.49%	Russell 2000 Growth −9.23%	S&P/Citi 500 Value −11.71%	S&P 500 Index −11.89%	S&P/Citi 500 Growth −12.73%	MSCI EAFE −21.44%
2002	LB Agg 10.26%	Russell 2000 Value −11.43%	MSCI EAFE −15.94%	Russell 2000 −20.48%	S&P/Citi 500 Value −20.85%	S&P 500 Index −22.10%	S&P/Citi 500 Growth −23.59%	Russell 2000 Growth −30.26%
2003	Russell 2000 Growth 48.54%	Russell 2000 47.25%	Russell 2000 Value 46.03%	MSCI EAFE 38.59%	S&P/Citi 500 Value 31.79%	S&P 500 Index 28.68%	S&P/Citi 500 Growth 25.66%	LB Agg 4.10%
2004	Russell 2000 Value 22.25%	MSCI EAFE 20.25%	Russell 2000 18.33%	S&P/Citi 500 Value 15.71%	Russell 2000 Growth 14.31%	S&P 500 Index 10.88%	S&P/Citi 500 Growth 6.13%	LB Agg 4.34%
2005	MSCI EAFE 13.54%	S&P/Citi 500 Value 5.82%	S&P 500 Index 4.91%	Russell 2000 Value 4.71%	Russell 2000 4.55%	Russell 2000 Growth 4.15%	S&P/Citi 500 Growth 4.00%	LB Agg 2.43%
2006	MSCI EAFE 26.34%	Russell 2000 Value 23.48%	S&P/Citi 500 Value 20.81%	Russell 2000 18.37%	S&P 500 Index 15.79%	Russell 2000 Growth 13.35%	S&P/Citi 00 Growth 11.01%	LB Agg 4.33%

* S&P 500 Index：代表美國大型股票
* S&P /Citigroup 500 Growth：代表美國大型股票中成長型的股票
* S&P /Citigroup 500 Value：代表美國大型股票中價值型的股票
* Russell 2000：代表美國小型股票
* Russell 2000 Value： 代表美國小型股票中價值型的股票
* Russell 2000 Growth ：代表美國股票中成長型的股票
* MSCI EAFE：代表除美國以外已開發國家股票，包含歐洲、澳洲興遠東地區
* LB Agg：代表美國債券市場

簡單的投資組合 就能夠創造更好的結果

我們可以舉一個簡單的例子，說明如何通過分散投資來降低風險。

美國有全球規模最大的股票市場，美國標準普爾500指數（S&P 500）是由美國500家各種產業的大型上市公司所組成的指數，投資該指數就等於投資美國500家最大型的上市公司，比自己去購買個股更能達到分散風險的效果。假設1970年開始投資美國標準普爾500指數，到了2007年，平均每年可以有11.1％的投資回報率，同時在這37年一共148個季度中，有46個季度會有負的投資回報率。

除了投資美國的500家大型上市公司之外，我們還可以進一步分散投資。如果我們在投資組合中加入全球第二大股票市場：日本的股票，結果會如何呢？同樣從1970年到2007年，如果投資日本股市，則投資人會有平均每年10.7％的投資回報率，同時這段期間內會有60個季度產生負的投資回報率。

但如果我們將資金的60％投資在美國標準普爾500指數，另外40％投資在日本股市，則這個投資組合在這段時期內的平均年投資回報率為11.6％，高於單獨投資美國或日本股市的回報率，同時只有42個季度會產生負的投資回報率，也低於單獨投資美國或日本股市的負回報率季度。

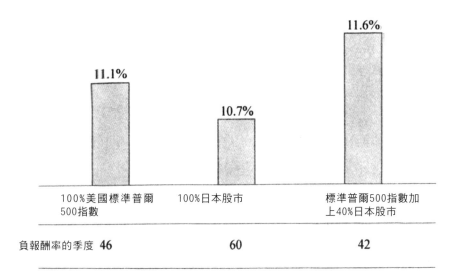

	100%美國標準普爾500指數	100%日本股市	標準普爾500指數加上40%日本股市
	11.1%	10.7%	11.6%
負報酬率的季度	46	60	42

平均年投資回報率(1970～2007年)

很神奇吧!簡單的投資組合就能夠創造更好的結果,在這37年中,即使全球金融市場也發生了幾次重大事件,例如1987年美國的黑色10月,道瓊工業指數一天大跌500多點;1990年伊拉克攻打科威特,造成石油價格暴漲;2000年全球高科技市場的泡沫破滅......雖然這類重大事件層出不窮,但是這個投資組合的表現還是令人滿意,這就是分散投資的好處。

一個好的投資組合,並不只是創造高的投資回報率,還要考慮到投資回報率的平穩性,因為多數人投資失敗的主因,就是無法承受投資回報率的大幅變動。看了上述的說明,相信你就會很清楚地認識到資產配置的重要性了。

幫助人們分配資產的商品越來越多

1971年，全球第一個以現代投資組合理論為依據的資產配置產品，由美國富國銀行(Wells Fargo)推出，首次分別計算股票市場、債券市場與貨幣市場的投資回報率，並且混合在一個投資組合中管理。這個資產管理的技術與傳統猜測市場走勢的方式有兩點不同：首先，這個產品的資產配置比例是用科學方法決定的；其次，這個產品不再去猜測某個金融市場的「頭部」或「底部」。

1971年，富國銀行首次發表了他們對股市的預期投資回報率：平均每年8.5％。這個數字在當時被認為太過悲觀，因為根據當時及其過去10年的實際資料來看，平均年回報率是15％。結果，從1973年到1982年的10年中，實際的平均年投資回報率只有6.6％，比「悲觀」的8.5％還要低。在這期間，表現最好的一年是1982年的18. 3％，當時大家認為未來很難再獲得如此高的投資回報率了。

結果，從1983年到1992年的另一個10年中，標準普爾500又創造了平均每年17.5％的高投資回報率！由於股市回報率非常難以掌握，人們漸漸了解到資產配置的好處，越來越多的金融機構與投資人開始採用這個方法。現在，投資資產配置型的投資組合變得越來越容易了。許多基金公司都推出了各種風險組合的基金產品，如保守型、平衡型、積極型等。例如平衡型基金，就是將投資的資金分配在股票與債券的資產上，對於風險承受能力差的人來說，這是相當好的選擇。

筆記欄

高股息
長期投資法

高股息
長期投資法

好的股票，可以養你一輩子，你相信嗎？

今年39歲，從事市場研究機構經理的楊建平就辦到了！

從2003年開始，他每年拿出10萬元存款，固定投資3隻高配息股，無論股市看漲或看跌，一定買進，而且3隻股票每年配發的現金股息，也在下一年度和自己的存款一起滾入，投資相同的股票。

幾年來，他從口袋拿出來養這個現金流果樹的本金只有60萬元，但3隻股票含配息、配股、再加股價增值，合計市值已過100萬，平均年報酬率達16％。假設楊建平把相同金額的資金，存在銀行放定存，6年下來，幾萬利息都唔知有冇。

儘管金融海嘯，讓股市重跌，但是楊建平對這個用股票打造平穩現金流的果樹，非常滿意，不但抱股不賣，還打算用相同的股票再存10年，讓果樹再長大2倍。按他估算，屆時每年光靠股票配息就可以領超過20萬元，平均每月可領1.5萬元，至於現在，這個現金流果樹，每月就可為他產生近四千幾元的股息收入。你可能現在會覺得四千好少；但你唔好唔記得，咩都唔駛做有四千；同做到隻狗咁樣才有萬幾係完全兩回事！

用這套方法，最大的好處是，不必管股價波動、不怕股災，也能賺進穩定的現金流，「這等於是自己DIY退休年金，而且是活多久、領多久，還可能愈領愈多！」這位研究員出身的上班族如此說。有些人喜歡買基金；有些人就喜歡自己DIY自己的基金，不管用什麼方法，最緊要有令資產倍增概念。今時今日還把錢呆放在銀行，死路一條！

現在就打破觀念，不再賺價差，改賺配息讓錢不斷流進來。

如何創造無風險持續性收入

楊建平會想出這套方法，是被羅勃特・清崎（Robert T. Kiyosaki）的一句話啟發，他說：「好資產，必須能為你帶來持續性的收入。」高股息股就是這樣的好資產。在用這方法之前，楊建平投資股票達10年，原本只想靠股票快速致富，每天看技術線圖、搶進殺出，總是賺小、賠大，賺五千、賠兩萬元。之前的10年，總投入近40多萬元本金，只小賺10％左右。「花那麼多心力，卻是白忙一場，」楊建平如此描述早年的投資模式。

投資不一定穩賺，工作也不是鐵飯碗。做研究員多年，每次遇到不景氣，公司都會先從研究部門先砍人，「2001年網路股災後，市況不好，我爸媽擔心有一天會裁到我，一直勸我去考公務員。」但楊建平沒有為去考公務員而準備，反而經常看理財的書。

他發現，清崎是靠買入好資產，然後從資產中得到豐沛的現金，再進行投資，因此致富。而清崎和他最大的差別，在他買賣股票只想賺價差，努力要賺「一次性收入」，並沒有設法讓持股變成一種「持續性收入」。

但是，按照清崎的建議，把配股、配息滾進投資帳戶，隨著投資股票的市值長大，配息跟著大增，「如果1年配息足夠1年生活之用，只要投資的公司不出事，股票就不必賣，錢就會一直流進來！」楊建平分析。

以恆生銀行(0011)為例，如果楊建平自2003年至2013年的每年開盤價、配發的股利等數據全部找來，以每年固定投入10萬元，加上前1年配息，在開年第1天開盤就買進，如此連續做10年，結果發現，總投入現金是100萬元，10年累積的資產總值，應該可以接近達140萬元左右。那段期間，先後發生亞洲金融風暴、網路股災，到2003年，股價在80元左右，但仍能創造每年平均5％的利息收益，比做價差安全、簡單，獲利又比銀行定存高又穩，楊建平因此打算，除中恆生銀行，再挑兩隻高股息股，打造自己的現金流果樹。問題是股票要怎麼挑？

身體力行，挑出高股息股，每年投入10萬元只買不賣。

楊建平會挑選在公司經營上，必須業績長期穩步成長，財務穩健的產業龍頭股；其次是公司股利政策要均衡穩定，即使遇到景氣不佳，仍可用保留盈餘來分配股息。高配息股因長期財務和績效穩健，除權除息後，多半能填息，基本上股價波動不太大，長期投資，很有利。

由於這方法至少要持續10年，對習慣買股賺價差的楊建平來說，最大的挑戰是，必須控制自己，不受股價波動影響，每年定期買進，不能因股價漲跌就賣出，必須像機械般反覆操作。做慣價差的人，只想掌握波段，1年賺20％～30％。所以行情一來，股票就抱不住，會賣掉。

姣婆守唔到寡的解決方法

楊建平先把自己投資的資金重分配，1/2還是做價差，賺一點額外報酬；另外1/2加上年終獎金，就存進3隻高配息股票去累積財富。因此，他還另外開了多一個證券交易戶，一個專門做炒賣，過下心癮；另一個就專門實行賺股息的搖錢樹計劃，不必管股價，就用每年固定存入的資金，連同前1年配發的股利，全數買進指定的股票。

前3年時，現金股利只小幅增加，但比起做賺價差，這裡的操作不需貼盤太近，壓力小，也不會焦躁，楊建平已經很滿足。到了第4年，資產增值加速，每年累積的現金股利以1倍左右的速度成長。「再做10年，每月累積到三幾萬利息，我就真的不用工作、可以提早退休了！」

雖然這兩年景氣不好，股利縮水，但楊建平評估，這只是短期影響，而且定額投入的10萬元可買進更多的股數，果樹的規模反而增加得更快，配息收益甚至可能大增，讓他不必再等十幾年，就能提前退休。「現在，正是執行這方法的黃金期，可以把你失去的退休金再『存』回來，」楊建平說。

投資，是一個透過簡單、機械化操作就可以致富的過程。為什麼大多數人做不到？因為他們認為，投資致富，過程很神奇，不可能這麼簡單、單調而枯燥。花10年為自己打造一個穩定現金流的果樹，現在楊建平也相信，做投資，簡單比複雜好得多！

以股養股
不怕股市漲跌都能賺

楊建平的投資策略，其實很多企業的老闆們都是這麼做，「用股票複利滾錢，才是真正有錢人會做的事！」更重要的是，執行這方法並不難，本金也不用多，從現在開始，你就可以執行！

楊建平在每年第1天開盤時，以10萬元買進3隻股票，每年配股續抱，配息就在隔年和10萬元本金一起買進股票，以第1年來看，他的股票市值就翻漲了（市值＝[本金÷3隻股票第1個交易日開盤價＋3隻股票配股]×最後交易日收盤價＋3隻股票配息），6年下來，資產最少長大1.68倍。

股票投資十二誡條！！

一　　速速割掉虧損，有利可圖不妨長期持有。

二　　不要估頂估底。

三　　不要天天買賣；有疑惑，持有現金。

四　　不要追隨群眾。

五　　溝上唔溝落〈如有損失，不要再加注意；反之，賺錢不妨加碼〉。

六　　不要忘記以止蝕盤保障既得利潤。

七　　有智慧不如追大勢。

八　　不要沾手成交量低的股份。

九　　財不入急門，冇長錢〈多餘錢〉，不要博。

十　　買入股票之前應先訂好策略，如一切不按自己估計中發展，立即退出。

十一　接受市場較自己聰明和接受被擊倒的事實，冇人係常勝將軍。

十二　認識自己，自己的性格才是最大敵人，例如貪小便宜〈太早獲利〉、不肯認輸〈結果愈輸愈大〉及盲目入市〈聽信謠言失去理智〉等，都要戒除

養股術執行秘技

挑出值得投資的股票

① 公司財務長期穩定：過去10年，營收穩定成長，資本支出少、自由現金流量充裕，獲利不一定要年年成長，但長期呈上升趨勢。

② 過去5年～10年的股利政策均衡而穩定。

③ 公司是產業龍頭。

④ 依你每年可投入預算，挑選股價適合的。

進場執行

① 第1次買股，可用依原則注意股價：PE最好在20倍以下。

② 採定期定額方式投入：第1年開盤第1天，買進10萬元。第2年開盤第1天，用10萬元＋第1年配發的現金股利，第3年開盤第1天，用10萬元＋第2年配發的現金股利，如此反覆操作至少10年。

③ 在累積到夠你用的現金流之前，現金股利一定要再滾入，不能領出來，直到累積到足夠現金流後，不用賣股票，就完全可以靠現金股利過日子。

追蹤與調整

① 每年檢視數據：查看營收、獲利的數據，若5年到10年期長線走勢往上，就可安心續抱。

② 留意經營狀況：當出現年度虧損時，要開始注意接下來的經營表現，若第2年產業景氣沒問題，公司營收和獲利仍大幅衰退，就要全數出清，換股執行。

不斷的心理建設

① 不受股價漲跌影響：每年買股時，不要受股價起伏影響，因為你是要賺現金流，不是賺價差。

② 堅持長抱：堅定的持續長抱，連存10年～15年都不去動用，股票複利的效果是非常驚人的。

零息時代
教你買高息股穩健增值

以前筆者太婆年代，有錢放銀行，收息都可以養下老；現在「紅簿仔」利息低至接近零，偏逢股市風高浪急，如果你已一把年紀或係投資保守一族，又應如何可以穩健地為手頭的資產增值？這成了投資者費煞思量的問題。唔想跌起上嚟大大鑊；但又想搏一搏，退休唔駛咁「頻撲」，你可以在投資組合裡加入高息股，得享較高派息比率之餘，又不會錯失可能隨時到來的股市升浪。

不可以盲目追高息

投資者投資股票時，不應只著重那些股份所派發的股息率，由於很多時公司都會因股價偏低而使到息率相對較高，來吸引投資者持有。如果你盲目地單單睇股息率，買入一些較為波動的股份，可能在未派息之時就已經遠遠跌破了入市價，待到可以收取派息之時，那些投資者卻會得不償失，或不足以暫時止咳。正所謂贏就贏粒糖，輸就輸間廠！你可以想想，收一千幾百蚊息；但唔見成皮嘢，到時真係谷住道氣。

在眾多的高息股票之中，筆者建議投資者購入匯豐控股(0005)及香港電燈(0006)，這兩隻股票，息率穩定在4%-5%，公司發展較成熟，長遠而言，業務也有一定程度的平穩增長，二來在於現時市況波動，通常資金會流入公用股。

你日日都要開燈，個個月都有電費要交，就港燈而言，它是現金流充裕，又有法例的保障，如長期持有，而你又不是一個貪心人的話，這是一個不錯的選擇。不過，因為這一類型股份的回報，總不及一些有新概念又或者是一些結構性的產品，更因為10年才可以看出一個經濟周期（波幅少，難遇超低位），對較進取型的投資者或短期的投機者而言，不太合適。贏輸都係一粒糖，好難開到一間廠！

總括來說，這一種高息股是較適合一般既有一大筆金額，又唔等錢駛的穩陣投資人士。

高息股波動市中的避風港

屈指一算，其實除了匯豐控股(0005)、香港電燈(0006)及恆生外(0111)，這三隻股份之外，還有很多大藍籌都屬於高息股，例如：中銀香港(2388)、中華電力(0002)等等，要收5厘息，大家還有很多選擇。如果你的風險承擔能力較高，不想贏輸都只係一粒糖，你亦可以考慮一下那些二三線股份中相對高息的股票，如：、維他奶(0345)、大家樂(0341)、莎莎國際(0178)、貿易通(0536)等等，就以貿易通(0536)來說，有接近10厘息收，主要業務是提供處理若干政府有關貿易文件的前端GETS服務。其中主要持股人有財政司司長法團，佔有12.29％股權，有政府背景，已減低了很多人為的商業風險，大膽少少的投資者不妨考慮。

再舉一個極端的例子，如果你當年獨具慧眼，在$4時入了偉易達集團(0303)，你就發達了，因為偉易達集團(0303)現在的股價為$65；但它有約6％的息率，即係話，一年閒閒地收幾千蚊息，不過你唔好唔記得，你如果$4時入貨，只用了四千蚊本；但派一次息都回本！所以千祈唔好低估派息的威力。基本上，你在$4時入貨，一世都不用放！總的來說，高息股可以在波動市中，或當全球投資市場陷入驚濤駭浪時，又或是資金失去方向之際，可視為「避風頭」的投資，有時可以視之為跌市的奇葩。有部分的高息股份在跌市中，更充分顯現其抗跌力。投資者一定要抱中長線的投資心態，否則就會難以等待到目標回報！

REITs
最適合「好息一族」

成日都有人問:「到底買樓收租好;還是買地產股好?」除了這兩大考慮之外,大家有冇想過 REITs?

什麼是房地產投資信託基金

REIT (Real Estate Investment Trust, REITs)是一種投資於不同類型和地區的房地產投資工具,於60年代開始在美國出現,主要是把房地產證卷化然後售予廣大投資者。那麼到底 REIT 與一般的房地產的上市公司有什麼分別?有些地產股,如嘉華國際(0173),除了地產項目外,亦有投資持有銀河娛樂162,500,000股股份;而 REIT 是被規範只容許投資於房地產的投資工具,不容許有其他業務。

在香港，對 REITs 的管制更為嚴謹，其有關投資甚至不可以有開發中物業，只能投資於已建成物業，而且還需要把至少90％的盈餘發放給單位持有人，債務比率亦有要求，在香港，REITs 的負債比率不可高於45％，而且需要有信託人。總體而言，REITs 的規範較多，對投資者有較大的保護。

你知道香港有幾多 REITs 上市？

最出名唔駛講都應該知，就係領匯（0823），其餘分別是陽光房地產投資信託基金（0435）、泓富產業信託（808）、富豪產業信託（1881）、冠君產業信託（2778），這幾隻都比較集中投資於本地物業；而越秀房地產投資信託基金（0405）和睿富房地產基金（0625）就偏向投資於中國的物業。

哪些人適合投資 REITs？

由於 REITs 的抗通膨能力強及具備高股息收益與專業化管理的特性，所以對一般較保守的小額投資人或法人機構而言，REITs 不但是資產配置組合上必要的投資工具之外，透過投資全球型 REITs，更可以分散區域經濟風險的目的。如果你沒有房地產投資經驗；但想獲得房地產投資收益，就可以考慮。一般而言，資產流動性是投資人進行資產配置時十分重要的一項考慮，投資擁有高流動性的資產，可減緩交易時的折價疑慮！由於不動產市場中的投資行為，在交易過程中往往需要中介機構參與，不但費時費力且移轉手續繁雜，變現性較差。將不動產證券化後，原本的不動產變成 REITs，投資人可於集中市場或次級市場交易買賣不動產證券化商品，交易方式與股票相同，在交易所交易時間內可隨時買賣，大幅降低原本不動產在流動性與變現性上較為不便的投資風險。

REITs 還有什麼好處？

REITs 可以投資於商場，寫字樓大廈，這些物業都不是一般投資者平時有能力購買的。對比投資地產股，REITs 較為集中，因為很多地產股包含很多非地產業務，較適合鍾情物業的投資者。對地產發展商而言，REITs 是一種另類的銷售方法，可將買家層面擴大，因為物業被切分為單位基金，大小投資者均可參與，另外發展商亦可保留部分業權享受日後的資本增值。

掌握要點投資有保障

事實上，不動產投資信托的商品相當多，雖然同樣以不動產證券化基金為名，但其投資標卻可能有很大的不同。因為投資 REITs 其實即是投資房地產，所以投資前應先了解其物業租合，例如有沒有特定的主題。之後查看相關物業的租金及售價走勢，整體物業市場發展。營運方面可看該 REIT 的負債比率，物業租用率及未來發展方向。負債比率高會影響日後發展，租用率低可能表示管理能力不足或物業本身較缺乏吸引力，未來發展方向包括會否翻新物業，有沒有收購目標。如果從估值方面去睇，可看淨資產價值及股息率。你還要觀察通貨膨脹和利率的走勢。房地產一向被視為抗通膨的商品，以租金收入為主要來源的 REITs，因為物價的走上，租金通常亦會上漲，此時基金的租金收益，較能抵抗通膨的壓力，投資報酬相對穩健。再從利率的角度來看，有專家分析了過去將近 10-20 年的數據顯示，利率與 REITs 的相關系數為 -0.05，表示利率的走升，並不會影響 REITs 的成長，若此時介入以權益型為主的不動產證券化基金，獲取資本利得的機會也較大。最後，如果 REITs 有海外投資，要慎選基金發行公司所配合的海外投資顧問。尤其不動產和股票、債券等投資商品是不同的領域，投資人最好選擇具專門投資不動產經驗的海外投資顧問公司為佳。

中電控股有限公司
CLP Holdings Ltd

股票編號：0002　　**上市日期：**戰前　　**公司電話：**2678-8111

公司網址：http://www.clpgroup.com

業績公布日期：5月、8月、11月、2月

業務簡介

主要業務為投資控股，而附屬公司的主要業務為香港、澳洲和印度的發電及供電業務，同時投資於中國內地、東南亞及台灣的電力項目。

中電控股有限公司過往股票價位及成交量參考圖

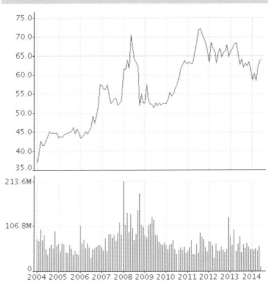

派息日期	除淨日期	事項	每股股息
2014/06/13	2014/05/30	中期業績	股息：港元 0.54
2014/03/25	2014/03/12	末期業績	股息：港元 0.98
2013/12/13	2013/12/02	第三次中期業績	股息：港元 0.53
2013/09/13	2013/09/02	第二次中期業績	股息：港元 0.53
2009/12/15	2009/12/02	第三次中期業績	股息：港元 0.52
2009/09/15	2009/09/03	第二次中期業績	股息：港元 0.52
2009/06/15	2009/06/02	中期業績	股息：港元 0.52
2009/04/29	2009/04/16	末期業績	股息：港元 0.92
2008/12/15	2008/12/02	第三次中期業績	股息：港元 0.52
2008/09/12	2008/09/01	第二次中期業績	股息：港元 0.52
2008/06/13	2008/05/30	中期業績	股息：港元 0.52
2008/04/30	2008/04/17	末期業績	股息：港元 0.92
2007/12/14	2007/11/30	第三次中期業績	股息：港元 0.52
2007/09/14	2007/09/04	第二次中期業績	股息：港元 0.52
2007/06/15	2007/06/01	中期業績	股息：港元 0.52
2007/04/25	2007/04/12	末期業績	股息：港元 0.89
2007/04/25	2007/04/12	末期業績	特別股息：港元 0.02
2006/12/15	2006/12/01	第三次中期業績	股息：港元 0.5

匯豐控股有限公司
HSBC Holdings plc

股票編號：0005	上市日期：戰前	公司電話：2822-1111

公司網址：http://www.hsbc.com

業績公布日期：7月、3月

業務簡介

匯豐透過旗下附屬及聯營公司提供全面的銀行及相關金融服務。集團總部設於倫敦，各類業務根基穩固，網絡覆蓋全球五個地域。匯豐在歐洲、香港、亞太其他地區（包括中東及非洲）、北美洲及拉丁美洲的86個國家和地區共設有約10,000 個業務據點，為個人、工商、企業、機構、投資及私人銀行客戶提供全面的金融服務。

匯豐控股有限公司過往股票價位及成交量參考圖

派息日期	除淨日期	事項	每股股息
2014/07/10	2014/05/21	中期業績	股息：美元 0.1
2014/04/30	2014/03/12	末期業績	股息：美元 0.19
2013/12/11	2013/10/23	第三次中期業績	股息：美元 0.1
2013/10/09	2013/08/21	第二次中期業績	股息：美元 0.1
2010/01/13	2009/11/18	第三次中期業績	股息：美元 0.08
2009/10/07	2009/08/19	第二次中期業績	股息：美元 0.08
2009/07/08	2009/05/20	中期業績	股息：美元 0.08
2009/05/06	2009/03/18	末期業績	股息：美元 0.1
2009/04/03	2009/03/12	特別報告	供股：12股供5股@港元 28
2009/01/14	2008/11/19	第三次中期業績	股息：美元 0.18
2008/10/08	2008/08/20	第二次中期業績	股息：美元 0.18
2008/07/09	2008/05/21	中期業績	股息：美元 0.18
2008/05/07	2008/03/19	末期業績	股息：美元 0.39
2008/01/16	2007/11/21	第三次中期業績	股息：美元 0.17
2007/10/04	2007/08/15	第二次中期業績	股息：美元 0.17
2007/07/05	2007/05/16	中期業績	股息：美元 0.17
2007/05/10	2007/03/21	末期業績	股息：美元 0.36

香港電燈集團有限公司
Hongkong Electric Holdings Ltd

股票編號：0006　　**上市日期：**1976年8月16日　　**公司電話：**2843-3111

公司網址：http://www.heh.com

業績公布日期：8月、3月

業務簡介

主要業務分部為電力銷售、基建投資、發電及供電以及配氣等。集團透過其附屬及聯營公司於香港、泰國、加拿大、英國、紐西蘭、澳洲、及中國經營。

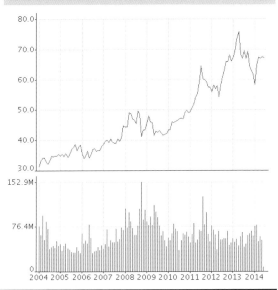

香港電燈集團有限公司過往股票價位及成交量參考圖

派息日期	除淨日期	事項	每股股息
2014/05/30	2014/05/20	末期業績	股息：港元 1.90
2013/09/04	2013/08/23	中期業績	股息：港元 0.65
2009/09/15	2009/09/03	中期業績	股息：港元 0.62
2009/05/15	2009/05/05	末期業績	股息：港元 1.49
2008/09/19	2008/09/09	中期業績	股息：港元 0.62
2008/05/16	2008/05/06	末期業績	股息：港元 1.43
2007/09/21	2007/09/11	中期業績	股息：港元 0.58
2007/05/11	2007/04/30	末期業績	股息：港元 1.27
2006/09/22	2006/09/12	中期業績	股息：港元 0.58
2006/05/12	2006/05/02	末期業績	股息：港元 1.01
2006/05/12	2006/05/02	末期業績	特別股息：港元 0.73
2005/09/23	2005/09/13	中期業績	股息：港元 0.58
2005/05/13	2005/05/03	末期業績	股息：港元 1.19

恒生銀行有限公司
Hang Seng Bank Ltd

股票編號: 0011　　**上市日期:** 1972年6月20日　　**公司電話:** 2198-1111

公司網址: http://www.hangseng.com

業績公布日期: 7月、3月

業務簡介

恒生銀行是匯豐集團成員之一,其母公司是匯豐控股有限公司旗下的香港上海匯豐銀行,持有恒生銀行62.14%股權。恒生銀行的股份亦在倫敦證券交易所掛牌買賣,並在美國為投資者提供第一級贊助形式之美國預託證券計劃。

恒生銀行有限公司過往股票價位及成交量參考圖

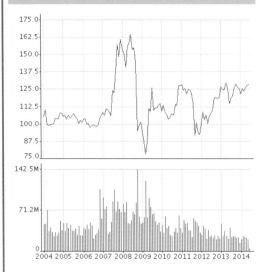

派息日期	除淨日期	事項	每股股息
2014/06/06	2014/05/20	中期業績	股息: 港元 1.1
2014/03/27	2014/03/10	末期業績	股息: 港元 2.2
2013/11/07	2013/10/22	第三次中期業績	股息: 港元 1.1
2013/09/05	2013/08/19	第二次中期業績	股息: 港元 1.1
2009/12/02	2009/11/13	第三次中期業績	股息: 港元 1.1
2009/09/02	2009/08/14	第二次中期業績	股息: 港元 1.1
2009/06/04	2009/05/19	中期業績	股息: 港元 1.1
2009/03/31	2009/03/16	末期業績	股息: 港元 3
2008/12/10	2008/11/18	第三次中期業績	股息: 港元 1.1
2008/09/04	2008/08/18	第二次中期業績	股息: 港元 1.1
2008/06/05	2008/05/16	中期業績	股息: 港元 1.1
2008/03/28	2008/03/14	末期業績	股息: 港元 3
2007/12/11	2007/11/23	第三次中期業績	股息: 港元 1.1
2007/08/30	2007/08/17	第二次中期業績	股息: 港元 1.1
2007/06/05	2007/05/18	中期業績	股息: 港元 1.1
2007/03/30	2007/03/16	末期業績	股息: 港元 1.9
2007/01/03	2006/12/18	第三次中期業績	股息: 港元 1.1

莎莎國際控股有限公司
Sa Sa International Holdings Ltd

股票編號： 0178　　**上市日期：** 1997年6月13日　　**公司電話：** 2505-5023

公司網址： http://www.sasa.com

業績公布日期： 11月、6月

業務簡介

主要從事化粧品牌產品之零售和批發。莎莎的定位乃提供種類繁多、覆蓋高中低價位產品的「一站式」化粧品專門店，令集團在年內繼續掌握競爭優勢，吸引在經濟低迷期間追求物超所值代替品的顧客。

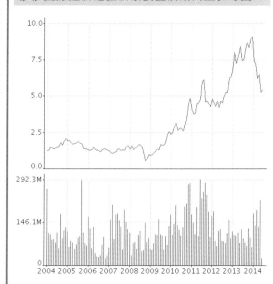

莎莎國際控股過往股票價位及成交量參考圖

派息日期	除淨日期	事項	每股股息
2013/12/19	2013/12/05	中期業績	特別股息：港元 0.45
2013/12/19	2013/12/05	中期業績	股息：港元 0.045
2013/09/06	2013/08/26	末期業績	股息：港元 0.05
2013/09/06	2013/08/26	末期業績	特別股息：港元 0.09
2009/12/22	2009/12/10	中期業績	股息：港元 0.03
2009/12/22	2009/12/10	中期業績	特別股息：港元 0.06
2009/09/01	2009/08/20	末期業績	股息：港元 0.05
2009/09/01	2009/08/20	末期業績	特別股息：港元 0.12
2008/12/24	2008/12/10	中期業績	股息：港元 0.03
2008/12/24	2008/12/10	中期業績	特別股息：港元 0.03
2008/09/02	2008/08/21	末期業績	股息：港元 0.05
2008/09/02	2008/08/21	末期業績	特別股息：港元 0.1
2007/12/28	2007/12/13	中期業績	股息：港元 0.03
2007/12/28	2007/12/13	中期業績	特別股息：港元 0.03
2007/08/28	2007/08/16	末期業績	股息：港元 0.05
2007/08/28	2007/08/16	末期業績	特別股息：港元 0.06
2006/12/28	2006/12/14	中期業績	股息：港元 0.03
2006/12/28	2006/12/14	中期業績	特別股息：港元 0.03
2006/08/29	2006/08/17	末期業績	股息：港元 0.05
2006/08/29	2006/08/17	末期業績	特別股息：港元 0.06

偉易達集團有限公司
VTech Holdings Ltd

股票編號：0303　　**上市日期：**1992年11月5日　　**公司電話：**2680-1000

公司網址：http://www.vtech.com

業績公布日期：11月、7月

業務簡介

主要業務是設計、製造及分銷消費電子產品，主要業務分部是電訊及電子產品業務。在歐洲，集團繼續以原設計生產形式與當地的大型固網電話營運商及著名品牌合作。偉易達依然是美國無線電話市場最大的供應商。

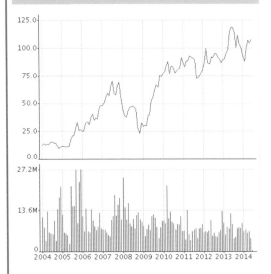

偉易達集團有限公司過往股票價位及成交量參考圖

派息日期	除淨日期	事項	每股股息
2014/08/04	2014/07/22	末期業績	股息：美元 0.64
2013/12/19	2013/12/05	中期業績	股息：美元 0.16
2009/12/31	2009/12/17	中期業績	股息：美元 0.16
2009/08/10	2009/07/29	末期業績	股息：美元 0.41
2008/12/24	2008/12/11	中期業績	股息：美元 0.12
2008/09/08	2008/08/27	末期業績	股息：美元 0.51
2007/12/21	2007/12/06	中期業績	股息：美元 0.12
2007/08/06	2007/07/25	末期業績	股息：美元 0.41
2007/01/03	2006/12/14	中期業績	股息：美元 0.09
2007/01/03	2006/12/14	中期業績	特別股息：美元 0.3
2006/08/14	2006/08/02	末期業績	股息：美元 0.26

大家樂集團有限公司
Cafe de Coral Holdings Ltd

股票編號： 0341　　**上市日期：** 1986年7月16日　　**公司電話：** 2693-6218

公司網址： http://www.cafedecoral.com

業績公布日期： 12月、7月

業務簡介

主要經營連鎖式速食餐飲業務、快餐廳、機構飲食業務和特式餐廳及食品製造及分銷業務。在北美亦有餐廳網絡，包括ManchuWok及ChinaInn，以及一間中式速食餐廳FanTing。

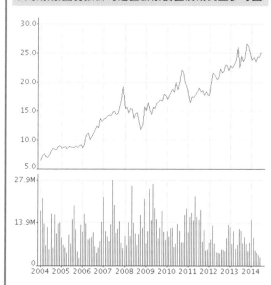

大家樂集團有限公司過往股票價位及成交量參考圖

派息日期	除淨日期	事項	每股股息
2013/12/30	2013/12/16	中期業績	股息：港元 0.17
2013/09/26	2013/09/12	末期業績	特別股息：港元 0.25
2013/09/26	2013/09/12	末期業績	股息：港元 0.48
2009/12/29	2009/12/15	中期業績	股息：港元 0.17
2009/10/02	2009/09/09	末期業績	股息：港元 0.38
2009/01/13	2008/12/30	中期業績	股息：港元 0.15
2009/01/13	2008/12/30	中期業績	特別股息：港元 0.15
2008/10/03	2008/09/08	末期業績	股息：港元 0.35
2008/01/11	2007/12/28	中期業績	股息：港元 0.15
2007/10/05	2007/09/07	末期業績	股息：港元 0.3
2007/01/11	2006/12/29	中期業績	股息：港元 0.12
2006/09/29	2006/08/31	末期業績	股息：港元 0.25
2006/09/29	2006/08/31	末期業績	特別股息：港元 0.2
2006/01/11	2005/12/29	中期業績	股息：港元 0.1

維他奶國際集團有限公司
Vitasoy International Holdings Ltd

股票編號：0345　　**上市日期：**1994年3月30日　　**公司電話：**2466-0333

公司網址：http://www.vitasoy.com

業績公布日期：12月、7月

業務簡介

集團主要業務為製造及銷售食品及飲品。產品以兩個主要品牌出售： 一個是營養荳奶飲料「維他奶」；而牛奶類飲料、果汁飲料、茶類、汽水、蒸餾水及荳腐等，則以「維他」品牌出售，行銷全球。

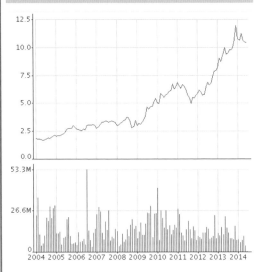

維他奶國際集團有限公司過往股票價位及成交量參考圖

派息日期	除淨日期	事項	每股股息
2013/12/31	2013/12/13	中期業績	股息：港元 0.032
2013/09/30	2013/09/10	末期業績	股息：港元 0.166
2009/12/23	2009/12/09	中期業績	股息：港元 0.032
2009/09/17	2009/08/27	末期業績	股息：港元 0.09
2009/09/17	2009/08/27	末期業績	特別股息：港元 0.1
2008/12/29	2008/12/11	中期業績	股息：港元 0.028
2008/09/11	2008/08/21	末期業績	股息：港元 0.087
2008/09/11	2008/08/21	末期業績	特別股息：港元 0.1
2007/12/28	2007/12/12	中期業績	股息：港元 0.028
2007/09/20	2007/08/30	末期業績	股息：港元 0.067
2007/09/20	2007/08/30	末期業績	特別股息：港元 0.1
2007/01/05	2006/12/20	中期業績	股息：港元 0.028
2006/09/21	2006/09/01	末期業績	股息：港元 0.067
2006/09/21	2006/09/01	末期業績	特別股息：港元 0.1
2006/01/12	2005/12/28	中期業績	股息：港元 0.028

貿易通電子貿易有限公司
Tradelink Electronic Commerce Ltd

股票編號: 0536　　**上市日期:** 2005年10月28日　　**公司電話:** 2599-1600

公司網址: http://www.tradelink.com.hk

業績公布日期: 9月、3月

業務簡介

主要業務是提供處理若干政府有關貿易文件的前端GETS服務。數碼貿易運輸網絡(「DTTN」)現時的交易中,已有10%來自與香港的DTTN客戶有關的中國業務夥伴。Digi-Sign繼續穩步發展,並已將業務範疇擴展至銀行客戶。

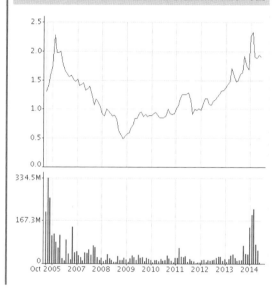

貿易通電子貿易有限公司過往股票價位及成交量參考圖

派息日期	除淨日期	事項	每股股息
2014/05/26	2014/05/13	末期業績	股息: 港元 0.062
2013/10/09	2013/09/23	中期業績	股息: 港元 0.04
2009/10/09	2009/09/23	中期業績	股息: 港元 0.01752
2009/05/20	2009/04/30	末期業績	股息: 港元 0.0552
2008/10/09	2008/09/23	中期業績	股息: 港元 0.0361
2008/05/20	2008/05/02	末期業績	股息: 港元 0.0618
2007/10/09	2007/09/24	中期業績	股息: 港元 0.0361
2007/05/18	2007/05/03	末期業績	股息: 港元 0.051
2006/10/06	2006/09/21	中期業績	股息: 港元 0.048
2006/05/03	2006/04/18	末期業績	股息: 港元 0.03

中銀香港(控股)有限公司
BOC Hong Kong (Holdings) Ltd

股票編號：2388	上市日期：2002年7月25日	公司電話：2846-2700

公司網址：http://www.bochk.com

業績公布日期：8月、3月

業務簡介

中銀香港向零售客戶和企業客戶提供全面的金融產品與服務。中銀香港是香港三家發鈔銀行之一。此外，中銀香港在中國內地設有19家分支行，為其在香港及中國內地的客戶提供跨境銀行服務。中銀香港獲中國人民銀行委任為香港人民幣業務的清算銀行。

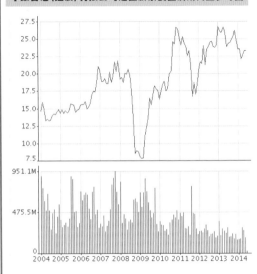

中銀香港(控股)有限公司過往股票價位及成交量參考圖

派息日期	除淨日期	事項	每股股息
2014/06/27	2014/06/13	末期業績	股息：港元 0.465
2013/09/27	2013/09/12	中期業績	股息：港元 0.545
2009/09/24	2009/09/10	中期業績	股息：港元 0.285
2009年5月	N/A	末期業績	無派息
2008/09/25	2008/09/11	中期業績	股息：港元 0.438
2008/05/27	2008/05/09	末期業績	股息：港元 0.487
2007/09/20	2007/09/06	中期業績	股息：港元 0.428
2007/05/30	2007/05/15	末期業績	股息：港元 0.447
2006/09/26	2006/09/12	中期業績	股息：港元 0.401
2006/05/30	2006/05/16	末期業績	股息：港元 0.48
2005/09/23	2005/09/08	中期業績	股息：港元 0.328
2005/05/31	2005/05/17	末期業績	股息：港元 0.395

領匯房產基金
The Link Real Estate Investment Trust

股票編號：0823　**上市日期：**2005年11月25日　**公司電話：**2175-1800

公司網址：http://www.thelinkreit.com

業績公布日期：11月、6月

業務簡介

主要業務為在香港投資商場零售及停車場租賃業務。零售物業為領匯之主要收入增長來源，領匯的零售物業專注於非自由支配開支的價值及數量，歷史證明此類開支對經濟下滑時有較強抗逆力。

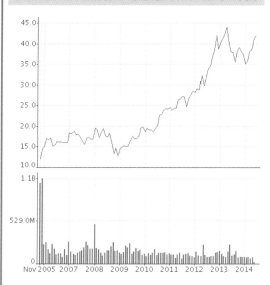

領匯房產基金過往股票價位及成交量參考圖

派息日期	除淨日期	事項	每股股息
2014/07/03	2014/06/17	末期業績	股息：港元 0.8552
2013/12/10	2013/11/26	中期業績	股息：港元 0.8022
2010/01/26	2009/12/02	中期業績	股息：港元 0.4835
2009/08/19	2009/06/29	末期業績	股息：港元 0.4313
2009/01/23	2008/11/26	中期業績	股息：港元 0.4086
2008/08/19	2008/06/18	末期業績	股息：港元 0.3829
2008/01/15	2007/11/27	中期業績	股息：港元 0.3611
2007/08/22	2007/06/21	末期業績	股息：港元 0.3462
2006/12/21	2006/12/08	中期業績	股息：港元 0.3281
2006/08/30	2006/08/15	末期業績	股息：港元 0.2181

陽光房地產基金
Sunlight Real Estate Investment Trust

股票編號： 0435　　**上市日期：** 2006年12月21日　　**公司電話：** 3669-2888

公司網址： http://www.sunlightreit.com

業績公布日期： 2月、9月

業務簡介

陽光房地產基金將為投資者帶來投資於由香港20項寫字樓及零售物業組成之多元化投資組合之機會。寫字樓物業主要為位於核心商業區及非核心商業區之甲級及乙級寫字樓，零售物業主要以地區交通樞紐、新市鎮及其他人口稠密之市區範圍為基礎。

陽光房地產基金過往股票價位及成交量參考圖

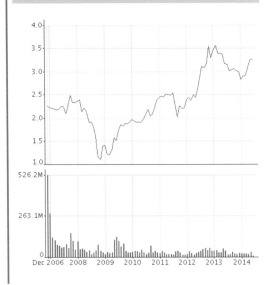

派息日期	除淨日期	事項	每股股息
2014/03/27	2014/02/28	中期業績	股息：港元 0.0960
2013/10/30	2013/09/23	中期業績	股息：港元 0.0920
2009/10/30	2009/09/25	末期業績	股息：港元 0.1527
2009/04/29	2009/02/27	中期業績	股息：港元 0.0929
2008/10/30	2008/09/30	末期業績	股息：港元 0.1676
2008/04/29	2008/03/13	中期業績	股息：港元 0.0744
2007/10/30	2007/10/02	末期業績	股息：港元 0.1351
2007年4月	N/A	中期業績	無派息

泓富產業信託
Prosperity Real Estate Investment Trus

股票編號：0808　　**上市日期：**2005年12月16日　　**公司電話：**2169-0928

公司網址：http://www.prosperityreit.com

業績公布日期：8月、3月

業務簡介

主要業務，乃擁有並投資位於香港的寫字樓及商業物業組合，旨在向基金單位持有人提供穩定及可持續之分派，並締造每基金單位資產淨值之長遠增長。憑藉遍佈全港非核心商業地區策略性位置之優質寫字樓及工商綜合物業，泓富產業信託致力把握非核心商業區之發展趨勢。

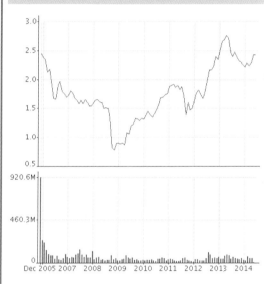

泓富產業信託過往股票價位及成交量參考圖

派息日期	除淨日期	事項	每股股息
2014/04/04	2014/03/21	末期業績	股息：港元 0.0751
2013/09/18	2013/09/05	中期業績	股息：港元 0.0744
2009/10/27	2009/10/13	中期業績	股息：港元 0.0554
2009/04/29	2009/04/16	末期業績	股息：港元 0.0578
2008/10/28	2008/10/16	中期業績	股息：港元 0.069
2008/04/25	2008/04/15	末期業績	股息：港元 0.0659
2007/10/26	2007/10/15	中期業績	股息：港元 0.0639
2007/04/27	2007/04/17	末期業績	股息：港元 0.0624
2006/10/20	2006/10/10	中期業績	股息：港元 0.0577
2006/10/20	2006/10/10	末期業績	股息：港元 0.0231

富豪產業信託
Regal Real Estate Investment Trust

股票編號：1881　　**上市日期：**2007年3月30日　　**公司電話：**2805-6336

公司網址：http://www.regalreit.com

業績公布日期：8月、3月

業務簡介

富豪產業信託及產業信託管理人之使命為增強香港初步酒店之現有組合，並成為大中華四及五星級評級酒店之卓越擁有人，以及鞏固富豪產業信託之地位，成為不斷吸引投資者之選擇。

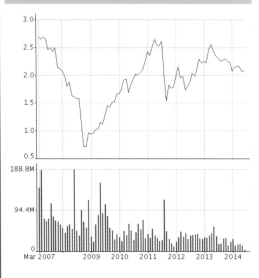

富豪產業信託過往股票價位及成交量參考圖

派息日期	除淨日期	事項	每股股息
2014/05/26	2014/05/13	末期業績	股息：港元 0.083
2013/10/09	2013/09/09	中期業績	股息：港元 0.067
2009/10/08	2009/09/14	中期業績	股息：港元 0.085
2009/05/20	2009/05/04	末期業績	股息：港元 0.08461
2008/10/09	2008/09/12	中期業績	股息：港元 0.083
2008/05/30	2008/05/08	末期業績	股息：港元 0.09627
2007/10/11	2007/09/17	中期業績	股息：港元 0.057

冠君產業信託
Champion Real Estate Investment Trust

股票編號：2778　　**上市日期：**2006年5月24日　　**公司電話：**2879-1288

公司網址：http://www.championreit.com

業績公布日期：8月、3月

業務簡介

冠君產業信託為一項房地產投資信託基金，主要為擁有及投資於賺取收入的香港寫字樓及零售物業組合。

冠君產業信託過往股票價位及成交量參考圖

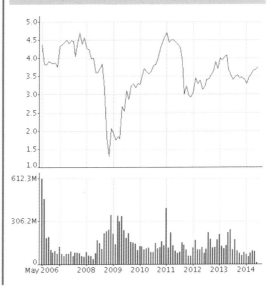

派息日期	除淨日期	事項	每股股息
2014/05/29	2014/05/16	末期業績	股息：港元 0.1101
2013/10/09	2013/09/13	中期業績	股息：港元 0.0998
2009/10/13	2009/08/28	中期業績	股息：港元 0.1304
2009/05/27	2009/04/20	末期業績	股息：港元 0.1394
2008/10/03	2008/09/04	中期業績	股息：港元 0.1788
2008/05/22	2008/02/28	末期業績	股息：港元 0.2031
2007/10/03	2007/09/06	中期業績	股息：港元 0.1366
2007/05/29	2007/05/03	末期業績	股息：港元 0.2

越秀房產信託基金
GZI Real Estate Investment Trust

股票編號：0405　　**上市日期：**2005年12月21日　　**公司電話：**2828-3692

公司網址：http://www.gzireit.com.hk

業績公布日期：8月、3月

業務簡介

越秀房託基金的物業組合（「物業」）包括位於廣州的五項商用物業，而越秀房託基金為全球首隻投資於中華人民共和國（「中國」）內地物業的上市房地產投資信託基金。

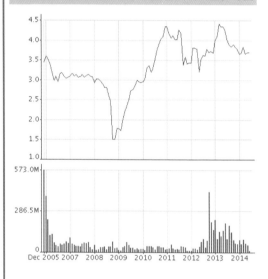

越秀房產信託基金過往股票價位及成交量參考圖

派息日期	除淨日期	事項	每股股息
2014/05/13	2014/04/15	末期業績	股息：港元 0.1455
2013/10/24	2013/09/24	中期業績	股息：港元 0.1266
2009/10/30	2009/10/15	中期業績	股息：港元 0.1175
2009/05/20	2009/05/07	末期業績	股息：港元 0.1226
2008/10/30	2008/10/20	中期業績	股息：港元 0.1234
2008/05/20	2008/04/11	末期業績	股息：港元 0.1151
2007/10/30	2007/10/18	中期業績	股息：港元 0.1107
2007/05/25	2007/05/04	末期業績	股息：港元 0.1034
2006/11/08	2006/10/27	中期業績	股息：港元 0.1438

睿富房地產基金
RREEF China Commercial Trust

股票編號： 0625　　**上市日期：** 2007年6月22日　　**公司電話：** 2203-7872

公司網址： http://www.rreefchinatrust.com

業績公布日期： 8月、3月

業務簡介

集團為一項房地產投資信託基金，其成立目的是長期投資於位於中國各大城市、香港及澳門的多元化機構優質辦公樓及多用途物業（其中大部份物業指定作辦公樓用途）物業組合。

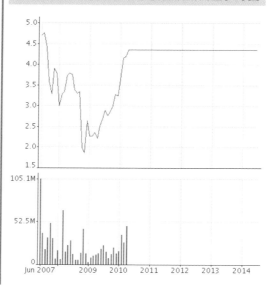

睿富房地產基金過往股票價位及成交量參考圖

派息日期	除淨日期	事項	每股股息
2009/09/18	2009/08/28	中期業績	股息：港元 0.1465
2009/05/26	2009/04/28	末期業績	股息：港元 0.1774
2008/11/26	2008/11/06	中期業績	股息：港元 0.1871
2008/05/28	2008/05/06	末期業績	股息：港元 0.179

筆記欄 ───────────────────────────

教你捕捉經濟復甦升浪
在ETF中尋寶

教你捕捉經濟復甦升浪
在ETF中尋寶

金融海嘯之後，全球經濟衰退拖累股市、定息收入及商品市場表現，導致全球ETF資產由四月的8,050億美元降至年底的7,110億美元；但隨著投資者對股市漸復信心，大量資金重投ETF懷抱，帶動ETF資產急增。換言之，在短短七個月內，ETF資產增加了1,510億美元，其中約一半是資金淨流入，其餘一半是原有資產升值的結果。

股市較實體經濟先行一步

以美元計算，金融海嘯開始見復甦之後的七個月，全球ETF資產增加21.2%，同期MSCI世界指數僅升13.5%。BGI全球ETF研究部主管富爾稱，全球ETF資產可望增至1萬億美元。專家指出，美國、日本和歐洲是全球三大經濟體，若三大經濟體的需求持續低迷，對全球經濟復甦將是一大打擊。雖然各國經濟舒困方案初見成效；但仍然有學者認為真正的經濟還未開始恢復元氣。基於股市較實體經濟先行一步，經濟回升，股市應是更早一步起動，如果等到真真正正的完全經濟復甦，那你便又錯過一次撈底的機會。

捕捉經濟復甦入市 宜攻中帶守 穩中求勝

要提高實戰買賣勝算，不外乎要有膽量、經驗和知識。所謂膽量，就是在市場瀰漫悲觀情緒時，人人都不願身先士卒去買貨，而你卻會把握時機去掃平貨。悲觀時貪婪，樂觀時審慎，這是投資的傳統智慧。這裡說的不是叫你心口掛個「勇」字，股市就像一個海洋，揀股時常常會感到茫無頭緒，功課做唔足，揀錯股，就算個市大反彈，都可能冇你份。所以如果你覺得整體個市開始升，點解唔買個市？如果你只得小小資本；但又想分散投資？如果你左想右想，都不知道是買股票好；還是買基金好？那就要考慮EFT，因為ETF具有自動導航、汰弱留強的特性，組成也很透明，與個股相比，較為抗跌，投資人也比較不用擔心遇上股市交易量低，而有買不到或是賣不掉的窘境。

股神巴菲特一再推薦

在很多公開場合，股神巴菲特一再推薦「初哥」或不貼市的投資者購ETF。股神巴菲特建議，無法分析個股的人，不如定期定額投資ETF。仔細分析ETF的特性：簡單、好操作、買賣成本低，相當適合大多數投資人的需求，特別是追求長期穩健報酬的投資人。

什麼是 ETF？

ETF英文原文為 Exchange Traded Funds，有人市場將其稱之為「交易所買賣基金」；不過有很多人考量其交易特性，為投資人定出更容易了解的中文名稱「指數股票型基金」。由字面上直接翻譯，ETF是一種兼具股票、開放式共同基金及封閉式共同基金特色的金融商品。

ETF這項商品包含了兩大特色，第一是其必須於集中市場掛牌交易，買賣方式與 一般上市上櫃股票一樣，可做融資買進與融券放空策略，不管多頭或空頭都可投資。第二是所有的ETF都有一個追蹤的指數，ETF基金淨值表現完全緊貼指數的走勢，而指數的成份股就是ETF基金的投資組合。由於ETF操作的重點不是在打敗指數、而是在追蹤指數，而其施行的方法則是將ETF投資組合內的股票調整到與指數成分股完全一致（包括標的、家數、權重均一致），因此，ETF基金表現即能與連動指數走勢一模一樣，也唯有兩者之間沒有大幅的折溢價情況，才是一檔成功的ETF。

買一隻股票
就可以擁有所有藍籌股

簡單來說，ETF 就是一種在證券交易所買賣，提供投資人參與指數表現的基金，ETF 基金以持有與指數相同之股票為主，分割成眾多單價較低之投資單位，發行受益憑證，例如投資人買進香港的盈富基金

(2800)，就等於擁有了香港市值最大的上市公司投資組合，因為盈富基金是追蹤香港的恆生指數。另一隻香港人比較熟的ETF，應該係A50中國指數基金(2823)，這隻基金，包括中國股市內50隻最高流量的中國企業股票。在低位時，你只要有幾千蚊，就可以買入盈富基金(2800)，擁有了香港藍籌股的成份；平時幾千蚊，單買一隻匯豐或中國移動一手都唔得啦！

金融海嘯後，盈富基金(2800)曾經見$11蚊左右，一年之後回升過$21蚊；但這也不是最高位，盈富基金(2800)曾經過$29蚊啊，當經濟真真正正地復甦，再創新高又點會冇可能？A50中國指數基金(2823)，海嘯後，曾經見$6.8蚊左右，一年之後回升過$16.3蚊；如果你在$6.8時買入，一手入場都只係$680，轉眼間就可以賺三倍。基本上買ETF，你不用有專家級的個股分析能力，你只要有一個信念：經濟循環。你只要相信日後大市會升，而你有時間等，那風險就不會太大。1993年全球第一檔ETF(SPDR)在美國證券交易所(AMEX)上市以來，展現出市場的驚人成長速度，近年來，在全球投資一片低迷的投資氣氛中，ETF資產規模卻不斷逆勢上揚。

ETF與一般基金的比較

ETF與封閉式基金相比，ETF的特點在於，它是開放式基金，其份額規模是可以變化的。如果申購的量大，其規模就增加，反之就減小。封閉式基金在成立以後的規模一般不再變化（只有擴募時才會增加），基金持有人不能要求贖回基金份額，而只能通過二級市場交易轉讓。由於封閉式基金不像開放式基金那樣按照當日淨值申購、贖回基金份額，這就導致封閉式基金的價格與淨值經常出現較大偏差，封閉式基金通常以比較大的幅度折價交易。ETF本質上是一種開放式基金，基金持有人可以在交易時間申購贖回基金，套利機制的存在使其交易價格基本與淨值保持一致。

ETF市場波動時能避免損失

與傳統開放式基金相比，ETF的特點在於，ETF雖然也是開放式基金，但ETF只接受規模在「創設單位」（例如100萬份）以上的申購贖回，並且申購贖回的是一籃子股票（指數成分股），這和普通的開放式基金接受現金申購贖回的情形不同。二者最大的區別在於，ETF同時在交易所上市交易，投資者在交易所交易時間內可以隨時按照市價買賣ETF，投資者當時就知道成交的價格；而普通的開放式基金只能通過申購贖回在場外交易，每日只能按照股市收盤後的基金淨值（次日公布）申購贖回，投資者在指令下達的第二天才能知道實際成交價格。

如果交易所交易時間內市場出現大的波動，投資者可以交易ETF來實時反映最新的信息和市場變化，獲得新的機會或者避免損失。傳統開放式基金的投資者即使在收盤前很早就做出了正確的決定，但最終獲得的可能是不理想的當日收盤價格，從而陷入判斷正確仍無濟於事的局面。

在費用方面　買ETF有著數

在費用方面，ETF的年管理費遠遠低於積極管理的股票型開放式基金，也比傳統的指數基金低出許多。最後，ETF的透明度遠遠高於傳統開放式基金，在實踐中通常每日開ETF市前基金管理人都會公布ETF的投資組合結構，而傳統基金一般每季度公布以此投資組合。交易型開放式指數基金(ETF)是一種在交易所上市交易的證券投資基金產品，交易手續與股票完全相同。

集封閉式基金和開放式優點於一身

ETF管理的資產是一攬子股票組合，這一組合中的股票種類與某一特定指數，如上證50指數，包涵的成份股票相同，每只股票的數量與該指數的成份股構成比例一致，ETF交易價格取決於它擁有的一攬子股票的價值，即「單位基金資產淨值」。ETF是一種混合型的特殊基金，它克服了封閉式基金和開放式基金的缺點，同時集兩者的優點於一身。

ETF的種類區分

根據投資方法的不同，ETF可分為指數基金和積極管理型基金。如果根據投資對象的不同，ETF可以分為股票基金和債券基金，其中以股票基金為主。若是根據投資區域的不同，ETF可以分為單一國家（或市場）基金和區域性基金，其中以單一國家基金為主。最後比較複雜的，就是根據投資風格的不同，ETF可以分為市場基準指數基金、行業指數基金和風格指數基金（如成長型、價值型、大盤、中盤、小盤）等，其中以市場基準指數基金為主。不管是那種類型的基金，投資人在選擇這類型ETF時，主要考慮重點應放在該指數是否是市場投資人廣泛使用之基準指數，如此才能滿足投資人以單一證券投資整體市場或特定屬性市場之需求，且這樣之ETF才能具備較高之流動性。其次，標的指數之調整頻率不能太頻繁，否則指數股票組合與標的指數之關聯性將受到影響。

ETF的風險及優勢

1 市場風險：ETF的基金份額淨值隨其所持有的股票價格變動的風險。

2 被動式投資風險：因為要按指數成份操作，基金管理人不會試圖挑選具體股票，或在逆勢中採取防御措施。

3 追蹤誤差風險：由於ETF會向基金持有人收取基金管理費、基金托管費等費用，ETF在日常投資操作中也存在著一定交易費用，以及基金資產與追蹤標的指數成份股之間存在少許差異，這些可能會造成ETF的基金份額淨值與標的指數間存在些許落差的風險。

投資商品ETF有作為

市場總會有一日完全復甦，到時石油、原材料、食品等的價格一定會升。這些商品價格波動性大，好聽一點叫做有投資價值，直接一點叫有得炒！如果直接買入相關投資產品，市場入門門檻很高，買賣又可能相對地複雜；如果你得少少，但又想乘機撈一筆，便可透過投資商品ETF，大包圍取贏。其中香港有兩隻以商品為相關資產的ETF，分別是SPDR黃金ETF（2840）和領先商品ETF（2809）。

如領先商品ETF就參與19項商品投資，包括能源、貴金屬、農產品等等。如果你個別去買一些資源股，樣樣買少少，都要幾十萬，現在幾千蚊你就可以幻想自己是一個資源大王。這隻ETF所追蹤的指數為CRB。海嘯前後，領先商品ETF（2809）的價格由$15-30不等。

至於SPDR黃金ETF，這是全球數一數二的黃金上市交易基金，這隻ETF是直接追蹤倫敦現貨金價，同時與倫敦現貨金相連的好處，就是其價格表現緊貼真正的黃金價格，以實金做基礎，你買一手SPDR黃金ETF，就好像買了實質黃金一樣。這隻SPDR黃金ETF，在香港、東京、新加坡及紐約都有掛牌上市。海嘯前後，SPDR黃金ETF(2840)的價格由$536-760不等。

中長線發揮通脹效用

雖然環球物價指數普遍顯示通脹壓力溫和，加上消費者需求仍疲弱，部分國家甚至仍存通縮風險。然而，若各國亦採取一種退市寧遲勿早的心態，相信高通脹日子不久將來便會重臨。

有見及此，投資者除可購買黃金作抗通脹之用外，亦可考慮購入主要經營上游業務的資源股，但當然投資於相關股份波幅普遍較大，只宜高風險投資者沾手，亦未必適合長線持有。若想降低投資組合波動性及減低暴露於單一股票的風險，便可購入領先商品ETF(02809)，相信現在開始作分段吸納，中長線持有應可帶來不錯的回報。

何為CRB指數？

CRB指數(Commodity Research Bureau Futures Price Index)是由美國商品研究局彙編的商品期貨價格指數，止於1957年正式推出，涵蓋了能源、金屬、農產品、畜產品和軟性商品等期貨合約，為國際商品價格波動的重要參考指標。

CRB指數最初以農產品的權重較大，為能更正確地反映商品價格趨勢，CRB指數歷經多次的調整後，能源價格走勢愈來愈重要。CRB的現貨指數與期貨指數不同，是由23種商品所組成，工業物料約占59.1%，食用物料占40.9%，相較起來，CRB期貨指數包含的工業物料比重較低，包含了17種商品，每種商品的權重相同。

股票編號	公司名稱	追蹤指數
2800	盈富基金	香港恆生指數
2801	I股中國基金（安碩中國ETF）	MSCI中國指數
2802	I股亞洲新興市場指數	MSCI新興亞洲指數
2819	ABF港債指數	iBoxx ABF香港指數
2821	沛富基金	iBoxx ABF 泛亞洲指數
2823	A50中國指數基金	中國A50指數
2825	標智香港100ETF	中證香港100指數
2827	標智滬深300ETF	滬深300指數
2828	恒生H股ETF	恒生中國企業指數
2833	恒生指數ETF	恒生指數
2836	安碩印度ETF	BSE SENSEX 印度指數
2838	恒生新華富時25ETF	新華富時中國25指數
2840	SPDR金ETF	本地倫敦金現貨價
2848	DBX韓國ETF	MSCI韓國總回報淨值指數
3002	寶來台灣卓越50基金	臺灣50指數
3004	安碩亞洲小型股ETF	MSCI 亞洲APEX小型股200指數
3007	DBX富時25ETF	新華富時中國25指數
3010	安碩亞洲50ETF	MSCI 亞洲APEX 50指數
3015	DBX標普印度ETF	標普印度指數
3020	DBX美國ETF	MSCI美國總回報淨值指數
3024	標智上證50ETF	上證50指數
3032	安碩亞洲中型股ETF	MSCI亞洲APEX中型股指數
3036	DBX台灣ETF	MSCI台灣總回報淨值指數
3087	DBX富時越南ETF	富時越南指數

盈富基金
Tracker Fund of Hong Kong

股票編號： 2800　**公司電話：** 2862-8628　**公司網址：** www.trahk.com.hk

投資簡介

盈富基金為交易所買賣基金(ETF)，其投資目標為提供與恆生指數(HSI)表現相符之投資回報。為求達到投資目標，經理人投資盈富基金之全部或絕大部份資產於指數股份，比重大致上與該等股份佔恒生指數之比重相同。

上市日期： 1999年11月12日
基金經理： 道富環球投資
　　　　　　亞洲有限公司

基金莊家： UBS Securities Hong Kong Ltd
　　　　　　德意志證券亞洲有限公司
　　　　　　輝立證券(香港)有限公司
　　　　　　IMC Asia Pacific Ltd
　　　　　　法國巴黎證券(亞洲)有限公司

盈富基金過往股票價位及成交量參圖

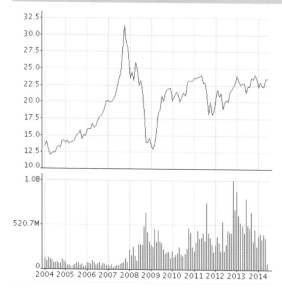

財務數據參考

每手單位 500

相關資產 恒生指數

相關類別 股票 香港

派息情況 每半年一次

沽空情況 允許

管理費用 最高每年0.05%

參考波幅 $9-$32

I股中國基金(安碩中國ETF)
iShares MSCI China Tracker

股票編號：2801　**公司電話：**2295-5111　**公司網址：**www.ishares.com

投資簡介

這隻基金主要追蹤MSCI中國指數為投資目標。MSCI中國指數由一系列國別指數、綜合指數和非國內指數組成，所針對的是中國市場的國際和國內投資者，包括被授權從事QDII和QFII業務的投資者。

上市日期：2001年11月28日　**基金莊家：**Citigroup Global Markets Ltd
基金經理：巴克萊國際投資 　　　　　　　IMC Asia Pacific Ltd
　　　　　　管理北亞有限公司 　　　　　　 Morgan Stanley Dean Witter HK Securities
　　　　　　　　　　　　　　　　　　　　　　Optiver Trading Hong Kong Ltd
　　　　　　　　　　　　　　　　　　　　　　瑞銀證券香港有限公司

I股中國基金(安碩中國ETF)過往股票價位及成交量參圖

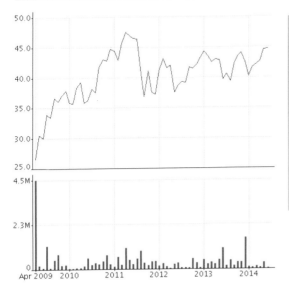

財務數據參考	
每手單位 200	
相關資產 MSCI中國指數	
相關類別 股票	
(中國-香港上市公司)	
派息情況 每年一次	
沽空情況 允許	
管理費用 最高每年0.99%	
參考波幅 $5-$35	

I股亞洲新興市場指數
iShares MSCI Emerging Asia Index ETF

股票編號： 2802　**公司電話：** 2295-5111　　**公司網址：** www.ishares.com

投資簡介

新興市場看好中國、印度、韓國及印尼。新興市場具長期布局潛力，但仍要小心部分國家前景出現疑慮，例如韓國與印度兩市場的股市漲幅已高，加上通膨疑慮升溫，可能出現升息動作，因此建議在挑選投資標的時，以組合型基金介入方式較為穩當，可避開重押單一區域或單一國家的風險。

上市日期： 2009年4月23日　　**基金莊家：** 瑞銀證券香港有限公司
基金經理： 巴克萊國際投資
　　　　　　管理北亞有限公司

I股亞洲新興市場指數過往股票價位及成交量參圖

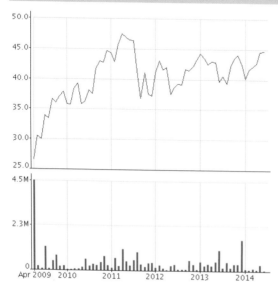

財務數據參考

每手單位	200
相關資產	MSCI新興亞洲指數
相關類別	股票(新興市場)
派息情況	每年一次
沽空情況	允許
管理費用	最高每年0.59%
參考波幅	$25-$47

ABF港債指數
ABF Hong Kong Bond Index Fund

股票編號： 2819　**公司電話：** 2845-0226　**公司網址：** www.hsbcinvestments.com.hk

投資簡介

ABF香港創富債券指數基金旨在提供與 iBoxx ABF 香港指數未扣除費用和開支前總回報相若的投資表現。政府發債除了讓機構投資者認購之外，更多散戶亦可參與。基金可作為核心組合的一部分，以分散投資及減低組合中股票基金所帶來的風險。

上市日期： 2005年6月17日
基金經理： 匯豐投資基金
　　　　　　 (香港)有限公司

基金莊家： 德意志證券亞洲有限公司
　　　　　　 匯豐金融證券(香港)有限公司
　　　　　　 J.P.Morgan Broking(Hong Kong)Ltd

ABF港債指數過往股票價位及成交量參圖

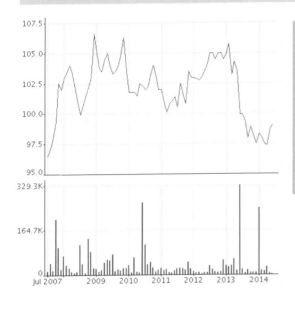

財務數據參考

每手單位	100
相關資產	iBoxx ABF香港指數
相關類別	固定收益
派息情況	每半年一次
沽空情況	允許
管理費用	最高每年0.15%
參考波幅	$96-$109

113

沛富基金
ABF Pan Asia Bond Index Fund

股票編號: 2821　**公司電話:** N/A　**公司網址:** www.abf-paif.com

投資簡介

iBoxx ABF 泛亞洲指數 (iBoxx ABF Pan-Asia Index)反映出由中國、香港、印尼、韓國、馬來西亞、菲律賓、新加坡和泰國等八個亞洲市場的政府和半官方機構所發行的當地貨幣債券的表現。在編制指數時,不但考慮市場的總值,同時亦考慮市場的流通量、信貸評級與及其開放程度。

上市日期: 2005年7月7日　　**基金莊家:** 德意志證券亞洲有限公司
基金經理: 道富環球投資　　　　　　匯豐金融證券(香港)有限公司
　　　　　　管理新加坡有限公司

沛富基金過往股票價位及成交量參圖

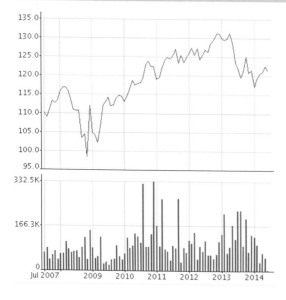

財務數據參考	
每手單位 10	
相關資產 iBoxx ABF 泛亞洲指數	
相關類別 固定收益	
派息情況 每年一次	
沽空情況 允許	
管理費用 最高每年0.13%	
參考波幅 $96.5-$132.5	

A50中國指數基金
iShares FTSE/Xinhua China Tracker

股票編號: 2823　**公司電話:** 2295-5111　　**公司網址:** www.ishares.com

投資簡介

指數旨在顯示在中國股市內可自由買賣的最大型企業股票(A股)之表現,包括中國股市內50隻最高流通量的中國企業股票。指數內的證券按照股份的總市值衡量比重,而總市值較高的證券一般在指數內佔較高的比重。指數內所有證券均在上海及深圳證券交易所進行買賣。

上市日期: 2004年11月18日　　**基金莊家:** Citigroup Global Markets Ltd
基金經理: 巴克萊國際投資　　　　　　　IMC Asia Pacific Ltd
　　　　　　　管理北亞有限公司　　　　　瑞銀證券香港有限公司

A50中國指數基金過往股票價位及成交量參圖

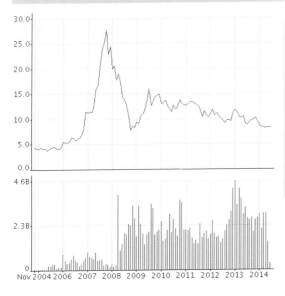

財務數據參考

每手單位	100
相關資產	中國A50指數
相關類別	股票 中國
派息情況	每年一次
沽空情況	允許
管理費用	最高每年0.99%
參考波幅	$4.5-$26

標智香港100ETF
W. I. S. E. -CSIHK 100 Tracker

股票編號： 2825　**公司電話：** 2280-8686　　**公司網址：** www.boci-pru.com.hk

投資簡介

指數涵蓋在香港聯交所上市的其中100隻具代表性的股份，旨於反映香港股市整體狀況。中證指數有限公司篩選範圍覆蓋整個香港證券市場，包括藍籌股、H股及紅籌股等，從中篩選出100隻以總市值及成交金額計算具代表性的證券作為指數的成份股。指數涉及的行業廣泛，減低在不同經濟週期因過份集中投資個別行業所帶來的風險。

上市日期： 2008年5月15日　　**基金莊家：** Citigroup Global Markets Ltd
基金經理： 中銀國際英國
　　　　　　保誠資產管理有限公司

標智香港100ETF過往股票價位及成交量參圖

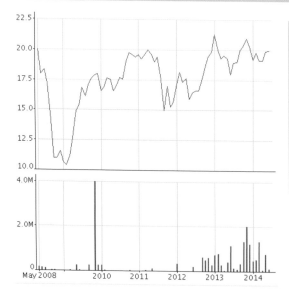

財務數據參考

每手單位	200
相關資產	中證香港100指數
相關類別	股票　香港
派息情況	每年一次
沽空情況	允許
管理費用	最高每年0.99%
參考波幅	$9.7-$21

標智滬深300ETF
W.I.S.E.-CSI 300 China Tracker

股票編號： 2827　**公司電話：** 2280-8686　**公司網址：** www.boci-pru.com.hk

投資簡介

指數涵蓋在深圳及/或上海證券交易所買賣的A股其中300隻成份股。有關的300隻成分股約佔滬深市場六成的市值，其中包括的行業亦十分廣泛，包括有銀行及金融業、製造業、能源及天然資源、零售及房地產等。

上市日期： 2007年7月17日　　**基金莊家：** 德意志證券亞洲有限公司
基金經理： 中銀國際英國
　　　　　　保誠資產管理有限公司

標智滬深300ETF過往股票價位及成交量參圖

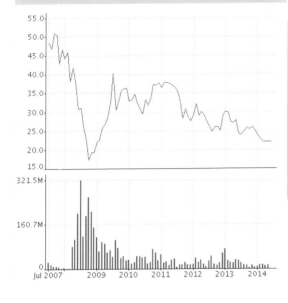

財務數據參考
每手單位 200
相關資產 滬深300指數
相關類別 股票 中國
派息情況 每年一次
沽空情況 允許
管理費用 最高每年0.99%
參考波幅 $15.9-$53

117

恒生H股ETF
Hang Seng H-Share Index ETF

股票編號：2828　**公司電話：**2822-0228　　**公司網址：**www.hangseng.com/etf

投資簡介

恒生H股指數上市基金是一隻交易所買賣基金(ETF)，其基金單位
於上市後可像上市股票般於香港聯合交易所有限公司買賣。H股
ETF為一指數追蹤基金，其投資目標旨在透過持有一籃子恒生中
國企業指數的成份股，以盡實際可能緊貼H股指數的表現。這基
金亦是首批跨境在台灣上市的ETF。

上市日期：2003年12月10日　**基金莊家：**Citigroup Global Markets Ltd
基金經理：恒生投資管理有限公司　德意志證券亞洲有限公司
法國巴黎證券(亞洲)有限公司
輝立證券(香港)有限公司
IMC Asia Pacific Ltd
UBS Securities Hong Kong Ltd

恒生H股ETF過往股票價位及成交量參圖

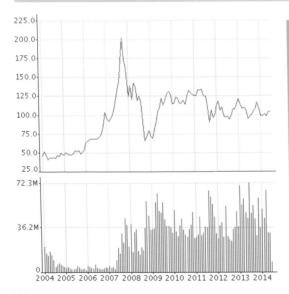

財務數據參考

每手單位	200
相關資產	恒生中國企業指數
相關類別	股票 中國
派息情況	每年一次
沽空情況	允許
管理費用	最高每年0.55%
參考波幅	$49-$201

恒生指數ETF
Hang Seng Index ETF

股票編號： 2833 　**公司電話：** 2822-0228 　**公司網址：** www.hangseng.com/etf

投資簡介

恒生指數(HSI)一直獲廣泛引用為反映香港股票市場表現的重要指標，指數包括市值最大及成交最活躍並在香港聯合交易所主板上市的公司(包括藍籌股、H股及紅籌股)。其投資目標旨在透過持有一籃子恒生指數的成份股，以盡實際可能緊貼該指數的表現。

上市日期： 2004年9月21日　**基金莊家：** Citigroup Global Markets Ltd
基金經理： 恒生投資管理有限公司　德意志證券亞洲有限公司
　　　　　　　　　　　　　　　　　輝立證券(香港)有限公司
　　　　　　　　　　　　　　　　　IMC Asia Pacific Ltd

恒生指數ETF過往股票價位及成交量參圖

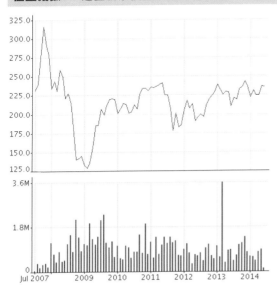

財務數據參考

每手單位	100
相關資產	恒生指數
相關類別	股票 香港
派息情況	每年一次
沽空情況	允許
管理費用	最高每年0.05%
參考波幅	$109-$301

119

安碩印度ETF
iShares BSE SENSEX India Tracker

股票編號： 2836　**公司電話：** 2295-5111　**公司網址：** www.ishares.com

投資簡介

i股BSE SENSEX印度指數基金乃i股亞洲信託基金的成份基金，指數計算於印度股市內可自由買賣的證券之表現。其包括三十家於孟買證券交易所上市的最大型及交投最活躍之股份，為各個不同股份組別的代表。指數以盧比為單位。

上市日期： 2006年11月2日　　**基金莊家：** Citigroup Global Markets Ltd
基金經理： 巴克萊國際投資
　　　　　　 管理北亞有限公司

安碩印度ETF過往股票價位及成交量參圖

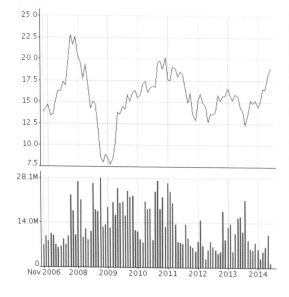

財務數據參考

每手單位	200
相關資產	BSE SENSEX 印度指數
相關類別	股票 新興市場
派息情況	每年一次
沽空情況	允許
管理費用	最高每年0.99%
參考波幅	$6.8-$23

恒生新華富時25ETF
Hang Seng FTSE/Xinhua China 25 Index ETF

股票編號： 2838　　**公司電話：** 2822-0228　　**公司網址：** www.hangseng.com/etf

投資簡介

此指數代表中國股市中可供國際投資者投資的最大型公司的表現。新華富時中國25指數是中國藍籌股公司的最佳代表。按總市值排序包含了在港交所的25家最大的H股及紅籌股公司。指數由25隻於聯交所上市及交易的最大及成交最活躍的中國股份（H股及紅籌股）組成。

上市日期： 2005年6月8日　　**基金莊家：** Citigroup Global Markets Asia Ltd
基金經理： 恒生投資管理有限公司　　　　德意志證券亞洲有限公司

恒生新華富時25ETF過往股票價位及成交量參圖

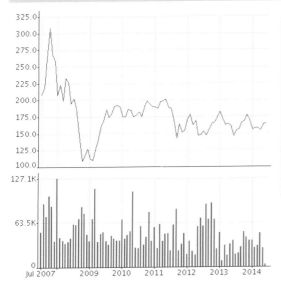

財務數據參考

每手單位	100
相關資產	新華富時中國25指數
相關類別	股票 中國
派息情況	每年一次
沽空情況	允許
管理費用	最高每年0.55%
參考波幅	$83.5-$300

SPDR金ETF
SPDR GOLD TRUST

股票編號： 2840　**公司電話：** 2103-0100　**公司網址：** www.spdrgoldshares.com

投資簡介

SPDR金ETF旨在向投資者提供一種既可參與黃金市場而無須交收實物黃金、同時能於受監管證券交易所以證券交易方式買賣黃金的方法。SPDR金ETF的引入旨在降低阻礙投資者投資黃金的眾多門檻，如交易、保管黃金及交易費用等。SPDR金ETF的價格具透明度。金塊設24小時場外交易，提供即時市場數據。

上市日期： 2008年7月31日　　**基金莊家：** Citigroup Global Markets Ltd
基金經理： 不適用

SPDR金ETF過往股票價位及成交量參圖

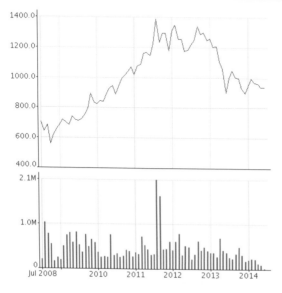

財務數據參考

每手單位	10
相關資產	本地倫敦金現貨價
相關類別	商品
派息情況	累積
沽空情況	允許
管理費用	不適用
參考波幅	$536-$1400

DBX韓國ETF
db x-trackers MSCI Korea TRN Index ETF

股票編號： 2848　**公司電話：** 2203-6886　**公司網址：** www.dbxtrackers.com.hk

投資簡介

db x-trackers MSCI韓國總回報淨值指數ETF旨在追蹤MSCI韓國總回報淨值指數的表現，致力減低ETF與指數表現之誤差。MSCI韓國總回報淨值指數是一項公眾持股量調整市值指數，反映可供全球投資者參與的韓國企業的表現。指數以總回報為計算基礎，淨股息再作投資。

上市日期： 2009年7月8日　　**基金莊家：** 德意志證券亞洲有限公司
基金經理： B Platinum Advisors

DBX韓國ETF過往股票價位及成交量參圖

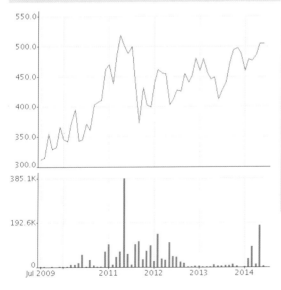

財務數據參考
每手單位 10
相關資產
MSCI韓國總回報淨值指數
相關類別 股票 新興市場
派息情況 累積
沽空情況 允許
管理費用 最高每年0.45%
參考波幅 $265.2-$523

123

寶來台灣卓越50基金
Polaris Taiwan Top50 Tracker Fund

股票編號： 3002　**公司電話：** 3555-7889　　**公司網址：** www.polaris.com.hk

投資簡介

寶來台灣卓越50基金（境外指數）為一項追蹤指數的交易所買賣基
金，指數成分股涵蓋臺灣證券市場市值前50大之上市公司，代表
藍籌股之績效表現，同時也是臺灣證券市場第一隻交易型指數。

上市日期： 2009年8月19日　　**基金莊家：** 寶來證券(香港)有限公司
基金經理： 寶來證券(香港)有限公司

寶來台灣卓越50過往股票價位及成交量參圖

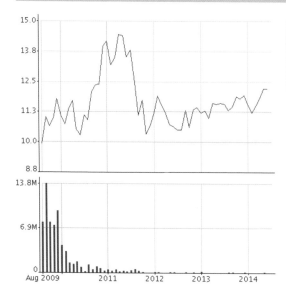

財務數據參考	
每手單位 200	
相關資產 臺灣50指數	
相關類別 股票 新興市場	
派息情況 每年一次	
沽空情況 允許	
管理費用 最高每年0.7%	
參考波幅 $9.8-$14.3	

安碩亞洲小型股ETF
iShares MSCI Asia APEX Small Cap Index ETF

股票編號： 3004　　**公司電話：** 2295-5111　　**公司網址：** www.ishares.com

投資簡介

MSCI 亞洲APEX小型股200指數（不包括日本）小型股指數中200
隻最大股份之表現。MSCI 亞洲APEX小型股200指數指數乃一個經
自由流通量調整之市值加權指數，作為更廣泛之MSCI亞洲除日本
指數之流動性指標。為確保最高交易量，為確保最高交易量，於
指數組成過程中會應用一系列嚴謹之可投資性準則。

上市日期： 2009年4月23日　　　　**基金莊家：** 銀證券香港有限公司
基金經理： 巴克萊國際投資
　　　　　　管理北亞有限公司

安碩亞洲小型股ETF過往股票價位及成交量參圖

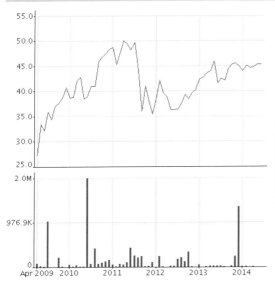

財務數據參考
每手單位 200
相關資產
MSCI 亞洲APEX小型股200指數
相關類別 股票 亞太區
派息情況 每年一次
沽空情況 允許
管理費用 最高每年0.59%
參考波幅 $25.1-$50

DBX富時25ETF
db x-trackers FSTE/Xinhua China 25 ETF

股票編號：3007　**公司電話：**2203-6886　**公司網址：**www.dbxtrackers.com.hk

投資簡介

db x-trackers新華富時中國25指數ETF旨在追蹤新華富時中國25指數的表現，致力減低ETF與指數表現之誤差。新華富時中國25指數旨在反映在中國大陸成立並供國際投資者買賣的股票表現。指數涵蓋25家在香港聯合交易所上市的公司。

上市日期：2009年7月8日　　**基金莊家：**德意志證券亞洲有限公司
基金經理：DB Platinum Advisors

DBX富時25ETF過往股票價位及成交量參圖

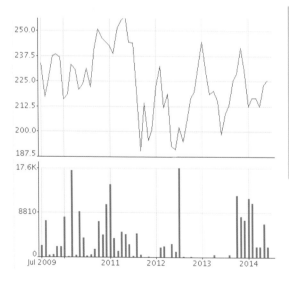

財務數據參考

每手單位	10
相關資產	新華富時中國25指數
相關類別	股票 中國
派息情況	累積
沽空情況	允許
管理費用	最高每年0.40%
參考波幅	$189-$260.4

安碩亞洲50ETF
iShares MSCI Asia APEX 50 Index ETF

股票編號：3010　　**公司電話：**2295-5111　　**公司網址：**www.ishares.com

投資簡介

指數納入亞洲（不包括日本）50隻最大股份而符合可交易標準之股份之表現。MSCI亞洲APEX 50指數乃一個經自由流通量調整之市值加權指數，作為更廣泛之MSCI亞洲除日本指數之流動性指標。為確保最高交易量，於指數組成過程中會應用一系列嚴謹之可投資性準則。

上市日期：2009年4月23日　　**基金莊家：**瑞銀證券香港有限公司
基金經理：巴克萊國際投資
　　　　　　管理北亞有限公司

安碩亞洲50ETF過往股票價位及成交量參圖

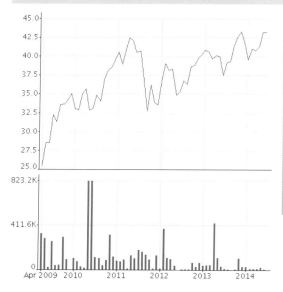

財務數據參考	
每手單位 200	
相關資產 MSCI 亞洲APEX 50指數	
相關類別 股票 亞太區	
派息情況 每年一次	
沽空情況 允許	
管理費用 最高每年0.59%	
參考波幅 $23.6-$43	

DBX標普印度ETF
db x-trackers S&P CNX NIFTY ETF

股票編號: 3015　**公司電話:** 2203-6886　**公司網址:** www.dbxtrackers.com.hk

投資簡介

db x-trackers 標普印度指數ETF旨在追蹤標普印度指數的表現,致力減低ETF與指數表現之誤差。標普印度指數是一項分散的股票指數,計算22個行業。指數由India Index Services and Products Ltd擁有及管理。

上市日期: 2009年7月8日　　**基金莊家:** DB Platinum Advisors
基金經理: 德意志證券亞洲有限公司

DBX標普印度ETF過往股票價位及成交量參圖

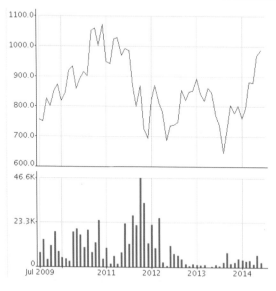

財務數據參考	
每手單位	5
相關資產	標普印度指數
相關類別	股票 新興市場
派息情況	累積
沽空情況	允許
管理費用	最高每年0.65%
參考波幅	$643-$1070

DBX美國ETF
db x-trackers MSCI USA TRN Index ETF

股票編號：3020　　**公司電話：**2203-6886　　**公司網址：**www.dbxtrackers.com.hk

投資簡介

db x-trackers MSCI美國總回報淨值指數ETF旨在追蹤 MSCI
美國總回報淨值指數的表現，致力減低ETF與指數表現之誤差。
MSCI美國總回報淨值指數是一項公眾持股量調整市值指數，專為
量度美國已發展股市表現而設計。指數以總回報為基礎，淨股息
再作投資。

上市日期：2009年7月8日　　　**基金莊家：**德意志證券亞洲有限公司
基金經理：DB Platinum Advisors

DBX美國ETF過往股票價位及成交量參圖

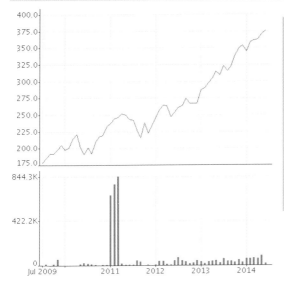

財務數據參考

每手單位	15
相關資產	MSCI美國總回報淨值指數
相關類別	股票 環球
派息情況	累積
沽空情況	允許
管理費用	最高每年0.20%
參考波幅	$159.8-$377

標智上證50ETF
W. I. S. E. –SSE50 China Tracker

股票編號： 3024　**公司電話：** 2280-8686　**公司網址：** www.boci-pru.com.hk

投資簡介

上證50指數由50隻在上海證券交易所上市的A股成分股組成。投資者應注意，此基金將不會直接投資於A股。此基金將會主要投資於與A股連接的產品（「AXP」），每一個AXP均是與一隻A股或一籃子A股掛鈎的衍生工具，但它並不使該基金在相關A股中享有任何權利、擁有權或權益。此基金一般被視為高風險。

上市日期： 2009年4月15日　　**基金莊家：** 比聯證券亞洲有限公司
基金經理： 中銀國際英國保誠
　　　　　　資產管理有限公司

標智上證50ETF過往股票價位及成交量參圖

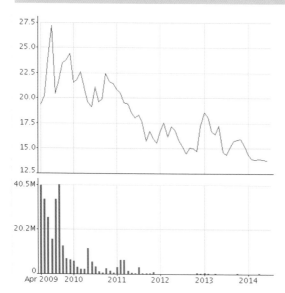

財務數據參考

每手單位	100
相關資產	上證50指數
相關類別	股票 中國
派息情況	每年一次
沽空情況	允許
管理費用	最高每年0.99%
參考波幅	$13.4-$27.6

130

安碩亞洲中型股ETF
iShares MSCI Asia Mid Cap Index ETF

股票編號： 3032　**公司電話：** 2295-5111　**公司網址：** www.ishares.com

投資簡介

指數納入亞洲（不包括日本）50隻最大而符合可交易標準之中型股之表現。MSCI亞洲APEX 50指數乃一個經自由流通量調整之市值加權指數，作為更廣泛之MSCI亞洲除日本指數之流動性指標。為確保最高交易量，於指數組成過程中會應用一系列嚴謹之可投資性準則。

上市日期： 2009年4月23日　　**基金莊家：** 瑞銀證券香港有限公司
基金經理： 巴克萊國際投資
　　　　　　管理北亞有限公司

安碩亞洲中型股ETF過往股票價位及成交量參圖

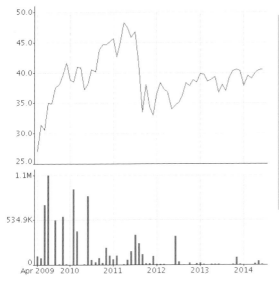

財務數據參考

每手單位	200
相關資產	MSCI亞洲APEX中型股指數
相關類別	股票 亞太區
派息情況	每年一次
沽空情況	允許
管理費用	最高每年0.59%
參考波幅	$24.7-$47.8

DBX台灣ETF
db x-trackers MSCI Taiwan TRN Index ETF

股票編號: 3036 **公司電話:** 2203-6886 **公司網址:** www.dbxtrackers.com.hk

投資簡介

db x-trackers MSCI台灣總回報淨值指數ETF旨在追蹤 MSCI 台灣總回報淨值指數的表現,致力減低ETF與指數表現之誤差。MSCI台灣總回報淨值指數是一項公眾持股量調整市值指數,反映可供全球投資者參與的台灣企業。指數以總回報為計算基礎,淨股息再作投資。

上市日期: 2009年6月30日　　**基金莊家:** 德意志證券亞洲有限公司
基金經理: DB Platinum Advisors

DBX台灣ETF過往股票價位及成交量參圖

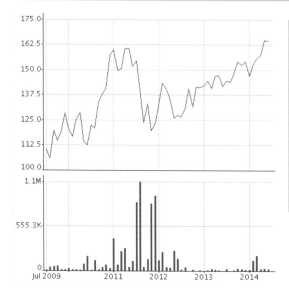

財務數據參考

每手單位	25
相關資產	MSCI台灣總回報淨值指數
相關類別	股票 新興市場
派息情況	累積
沽空情況	允許
管理費用	最高每年0.45%
參考波幅	$103.5-$163.4

DBX富時越南ETF
db x-trackers MSCI USA TRN Index ETF

股票編號：3087　　**公司電話：**2203-6886　　**公司網址：** www.dbxtrackers.com.hk

投資簡介

db x-trackers 富時越南指數ETF旨在追蹤富時越南指數的表現，致力減低ETF與指數表現之誤差。富時越南指數為富時越南所有股份指數的分類指數，由提供充足外資持股量的公司（約20家）所組成。

上市日期：2009年7月8日　　　**基金莊家：**德意志證券亞洲有限公司
基金經理：DB Platinum Advisors

DBX富時越南ETF過往股票價位及成交量參圖

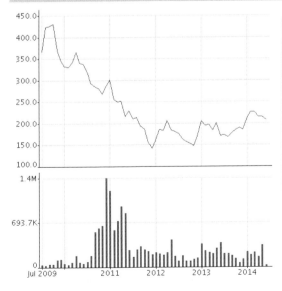

財務數據參考	
每手單位	10
相關資產	富時越南指數
相關類別	股票　新興市場
派息情況	累積
沽空情況	允許
管理費用	最高每年0.65%
參考波幅	$145.6-$462.4

筆記欄

從一萬元到 100 萬
距離不遠

陳小姐
年齡：33歲
職業：會計文員
婚姻狀況：單身
月入：1.6萬元；另有兼職收入平均
　　　$4000
資產：現金27萬元(中過六合彩)及
　　　強積金現值約6萬元
支出：家用3000元、個人13000元
月剩：4000元(視乎兼職收入)
問題：碌卡之王，零投資概念
目標：60歲退休，每月有$8500元
　　　生活費及想在港島置業，因
　　　家人都在港島

懺悔購物狂改過自身
兼職每月儲錢等買樓

June 是一個天生購物狂，貴至名牌；平至十蚊店雜貨，不管有用，總之鍾意就買。和一般小女人一樣，只會消費，不會投資，最多將現金存入銀行收息。年近三十，開始有置業打算。June是一個普通的會計文員；不過她另有一份兼職，就是在網上賣飾物。最初她只是把自己狂買回來，多餘的東西放在網上賣，後來發現有利可圖，便開始了兼職賣飾物，個個月都有幾千蚊賺。

專家分析
改善其理財壞習慣　買樓難度不高

陳小姐每月只將儲蓄存入銀行，收取微薄利息，之前最叻都係買過匯控（005），貪其穩陣，但金融海嘯後，又打消再買入的念頭。以前有保險經紀游說她買基金，但她對投資興趣唔大，每次都聽完就算，未有落實計劃。

正所謂出有辣有唔辣，唔係個個人都食得辣，June表明，只揀選回報有保證兼低風險的投資工具；但又想早日置業，亦想為日後退休生活打算。低回報係咪就代表冇辦法呢？當然唔係啦，好彩June都不是想一朝發達，她給自己27年時間，投資要達到目標好簡單，一就係追高回報；二就係給長時間。只要有較長的時間，穩穩陣陣地透過月供基金投資，賺取穩定回報累積財富。

三線投資籌666萬

肯投資唔一定有理想回報；但唔投資，就一定冇回報。要穩陣冇問題；但對　June來說，最大的問題是過度消費（如果不是有兼職，基本上她餐搵餐食餐餐清），她須改善其理財壞習慣，不過幸好她甚少拖欠卡數，又中過六合彩三獎，否則較難提早實現夢想。June有一份儲蓄保險，當中的人壽保障額為5萬美元，60歲時可獲保證金額64萬元。有一份就夠，不要再被經紀遊說多買，應把其餘的錢，放在基金上，用時間減低風險追回報。

用兼職全力出擊

由於兼職屬多勞多得，始終唔穩定，所以不可單靠兼職得來的錢去投資。較實際的做法，是減少支出，令每月可穩定地儲5000元或以上（總收入兩萬以上，俾家用得$3000，儲$6000唔係想像中咁難，不要多多借口），屆時撥部份投資基金，做退休準備，其他則應付供樓開支，及作應急錢。

June希望退休後，唔駛做都可以每個月有8500元生活費，假設通脹及退休後回報，分別為3.5％及5％，即是說，她在60歲時，就要準備好約630萬元。雖然June不擅投資，仍可透過月供基金，以平均成本法減低風險。June有約$16000月薪加$4000兼職，扣除家用外，還有$17000可以自由支配。

假設她真的買了樓，扣除樓按供款後，月剩9000元，如果夠狠，再將其中4500元作月供基金，假設回報率7％，到她退休時，便可有432萬元。強積金方面，現有累算權益6萬元，加上每月與僱主合供，回報6厘，27年後估計分別得30萬及140萬元。60歲時，加加埋埋，June總算能如她所願。

June 27年後投資回報

強積金現值6萬元：30萬元（假設年回報6％）
強積金僱主合供到60歲：140萬元（假設年回報6％及人工不變）
基金投資月供4500元：432萬元（假設年回報7％）
儲蓄保險到期：64萬元
合共回報：666萬元

既然保守 改買平樓

June想買樓和家人一起在港島區住,以訪問她時計杏花村一個約四五百呎單位為例,樓價約 550萬至650萬元,就假設單位價值550萬元,就算銀行不看她的月供款能力,借八成半按揭,她仍需預備55.5萬元首期,她暫時得現金27萬元,尚欠28.5萬元。她強調不會作高風

險投資,那唯一中多次六合彩。其實阿June又唔駛咁「灰」,如果真係置業心切,其實只要面對現實,把要求下調至160-180萬元的居屋物業或單幢舊樓,如果一個人住,又可以買一間再細少少的單位。180萬的物業,首期恰好是27萬元,以現時利息約2厘幾左右計算,分30年攤還,月供6000元。由於應急錢全用作繳付首期,故建議每月剩款,撥出部份作應急錢。她亦可以把單位出租,讓別人替她供樓,而自己則主攻基金。理財,最緊要靈活有彈性。

七成以上按揭要留意

不過,承造七成以上按揭,是要向香港按揭證券公司購買按揭保險,之後銀行才願意借貸。保費方面,客戶可選擇一次過繳清,

或每年供款,以June為例子,如果一次付清,要準備多三萬幾元。不過,她亦可向銀行申請借貸繳保費,然後每月攤還,計計下,一個月俾千幾,都幾爽。

巴菲特有個戒律

巴菲特有個戒律，從不推薦任何股票和任何基金。只有一個例外，就是指數基金。從 1993 年到 2008 年，巴菲特竟然八次推薦指數基金。

第一次：1993 年巴菲特致股東的信

通過定期投資指數基金，一個什麼都不懂的業餘投資者往往能夠戰勝大部分專業投資者。

第二次：1996 年巴菲特致股東的信

大部分投資者，包括機構投資者和個人投資者，早晚會發現，最好的投資股票方法是購買管理費很低的指數基金。

第三次：1999 年巴菲特推薦書評

約翰‧鮑格爾創立先鋒基金公司，通過開髮指數基金成為全球最大基金管理公司之一，1999年出版《共同基金必勝法則》。巴菲特對該書高度評價。

第四次：2003 年巴菲特致股東的信

那些收費非常低廉的指數基金，在產品設計上是非常適合投資者的，巴菲特認為，對於大多數想要投資股票的人來說，收費很低的指數基金是最理想的選擇。

第五次：2004 年巴菲特致股東的信

通過投資指數基金本來就可以輕鬆分享美國企業創造的優異業績。但絕大多數投資者很少投資指數基金，結果他們的投資業績大多只是平平而已甚至虧得慘不忍睹。

第六次：2007 年 5 月 7 日CNBC電視採訪

巴菲特認為，個人投資者的最佳選擇就是買入一隻低成本的指數基金，並在一段時間裡持續定期買入。如果你堅持長期持續定期買入指數基金，你可能不會買在最低點，但你同樣也不會買在最高點。

第七次：2008 年 5 月 3 日伯克希爾股東大會

Tim Ferriss問：「巴菲特先生，假設你只有 30 來歲，只能靠一份全日制工作謀生，因此根本沒有多少時間研究投資，但是你已經有筆儲蓄，那麼你的第一個一百萬將會如何投資？」巴菲特回答：「我會把所有的錢都投資到一個低成本的跟蹤標準普爾 500 指數的指數基金，然後繼續努力工作。」

第八次：2008 年巴菲特百萬美元大賭指數基金

美國《財富》雜誌 2008 年 6 月 9 日報道，巴菲特個人和普羅蒂傑投資公司打賭，2008 年到 2017 年間長期投資一隻標準普爾 500 指數基金的收益將會跑贏普羅蒂傑公司精心選擇的5隻對衝基金組合，賭注高達一百萬美元。如果你不懂投資、不懂基金，是股盲又是基盲，根本沒有時間和精力研究投資，聽巴菲特的話，定期定投指數基金並長期持有，你這個投資「傻瓜」就能戰勝絕大多數投資專家。過去半年如此，未來 10 年甚至 20 年，肯定也會如此。

投資基金 怎樣選擇？

現正中國熱，個個都談論有關中國市場的基金。的確，如果你想分散單一股票風險的話，應該留意中國股票基金或追蹤中國指數的指數追蹤基金(ETF)。有數據指出，有關中國股票基金及ETF多達86隻，大中華股票基金(即主要投資中、港、台)亦有53隻，投資者宜小心揀選。

得雞屎咁少生果金，真係買生果都唔夠！

人過中年 退休遲
準備投資忌進取

如果你廿幾三十歲睇到這篇文章，當然覺得有的是時間；但如果你已年過半百，才驚覺理財的重要性，仍然未為退休準備，那又怎麼辦呢？都唔好太灰心，正所謂遲到好過冇到，筆者有兩位前輩朋友吳女士及鄭女士便是其中兩個例子，兩者均未為退休籌謀，而且尚欠銀行樓宇按揭。退休生活可以靠誰？你還在寄望「養兒防老」或是少少MPF退休金的話，那你真的就落伍了！很多人以為，現在有MPF，退休以後的生活簡單，省一點用應該夠了。有這種想法要小心，因為忽略了二個問題：一是通貨膨脹的問題；二是年老醫療看護的費用。理財就是有目標地賺錢，有計劃地存錢，年輕時工作打拼，退休才能安養天年。政策會變、老闆會換，命運掌握在自己手上，才是最大的保障。退休不是由別人決定，而是由自己，只要準備好、有錢就能退休，沒準備好就只能退而不休，繼續勞碌命。以下環節，就會教大家在有限時間，管理好風險及回報，短期內籌得所需退休金。

97年做過蟹民　對投資信心盡失

吳女士年輕時投資股票，97年更因炒股蝕去一層樓，「經過此役，對投資信心盡失」。香港1997年的股災，在當時一片榮景的經濟表現面前，因亞洲金融風暴突然出現，恆生指數在一日之內大瀉1,500點，股市市值兩個月之內蒸發21,000億，縮水三分之一。當時有股民接連自殺，據報載一年內自殺股民達13人。股災的骨牌效應，還推倒樓市。股災後，香港樓市在短短一年內，大跌七成，超過10萬名業主成為「負資產」，直至今日，樓市還未完全恢復元氣。

沒有家庭負擔的吳女士，扣除按揭、保險及強積金，每月生活開支大約3500元，希望退休之後每月生活費有現值4500元。她指現在居所面積約800呎，獨居略嫌過大，她有考慮間房出租，增加收入。

吳女士個案

年齡：55歲半

職業：自僱人士

婚姻狀況：單身

月入：月入平均約1萬元

資產：現金14萬元、強積金4萬元、儲蓄保險、自住物業（快供滿）

月剩：平均500元（視乎生意額）

目標：65歲或之前退休後有每月4500元生活費

專家分析 主力買債券基金

吳女士20年前，購買保險時，應同時為退休準備，而所選計劃儲蓄成份有限，至65歲退休時只保證獲27萬元左右。筆者建議計劃退休的理財方案應馬上開始，利用餘下10年工作時間，為退休準備，但不應過份保守或進

取，最緊要保住棺材本。按女性平均壽命85歲計，假設每年通脹3%，退休後投資回報每年4%，吳女士65歲退休時要有140萬元，才可應付20年退休生活。在這個零息年代，錢放在銀行就最笨，所以吳女士要令手上的現金增值，每月從14萬元流動現金中取3500元，加上月剩500元，及將強積金自願性供款1000元，共5000元月供有合理回報及穩健的基金。

還清按揭後，吳女士應可有更多的資金調動，將本來供樓錢再投入基金，代替從流動現金中取款。強積金受嚴格監管，選擇及回報較少及低，建議放棄自願性供款，重投月供基金，惟仍要注意分散風險，將四成投資債券基金，高息股票基金及中國股票基金各佔餘下三成。假設年回報7厘，月供5000元，10年後有87萬元左右，加上強積金、壽險保證回報及現金共140萬元左右，剛好合退休要求。筆者不太建議間房出租，因為間房要支出過十萬裝修費（寧可賣出套現換細樓），況且，為什麼要咁委屈，要自己住一間房仔？人一世物一世，安排得好，退休後，食好D，住好D，理所當然！

吳女士10年後投資回報

強積金
金額：現有4萬元
假設年回報5厘
可得價值：7萬元左右

強積金
金額：每月500元
假設年回報：5厘
可得價值：8萬元左右

月供基金
金額：每月5000元
假設年回報：7厘
可得價值：87萬元左右

人壽保險
最終可得價值：27萬元左右

流動現金
金額：假設到時有10萬元
假設年回報：0.01厘
可得價值：11萬元

合共：140萬元

一身兒女責　退休仲未供完樓

鄭女士一個人帶大幾個仔女，因需要照顧子女，自己好慳才能積蓄僅餘37萬元，但已全借給仔女作買樓首期，而且，這個廿四孝母親，亦不預算他們會把錢還給自己。鄭女士自住居屋，物業現值300萬，由於兒子開支緊拙，每月最多給3000元家用。鄭女士現時個人開支每月約3000元，估計4年後退休，希望能維持現時生活水平，即使兒子日後生個孫仔，不再付家用給自己，還可應付個人開支，並擔心退休後物業尚有5年按揭供款。

鄭女士個案

年齡：56歲

職業：公營機構文員

婚姻狀況：離婚婦人，三名子女

月入：2.1萬元

月剩：1萬元

資產：公積金52萬元、自住居屋
　　　（月供7000元）

目標：60歲退休後有每月3000元
　　　生活費兼供滿層樓

專家分析 月供基金減風險

若只計退休後每月生活費，假如每年平均通脹及退休後投資回報，分別為3％及4％，鄭女士60歲退休時，需有最少90萬元左右，才可應付退休後25年生活。海嘯後經營未真正復甦，現處於經濟動盪周期，料未來幾年向上機會較大，但對於快退休人士來說，為減低風險，建議月供基金，中國及香港股票市場各佔四成，黃金及商品期貨基金各佔餘下一成。如投資回報6厘，4年後可得54萬元，加上公積金，共有112萬元。

最壞情況換平樓住

雖然投資能緊緊滿足退休要求，但鄭女士退休後，尚要應付5年約45萬元按揭餘額，實際上要有135萬左右元才可應付退休生活，即尚欠23萬元。人生，辦法總比困難多，其實鄭女士應與仔女商討退休後安排，如般去和其中的一個仔女同住，把樓賣掉，套現部份作退休，使退休金更「好使」。如這方案不行，她亦可以轉買一層較便宜的舊樓，有些幾十年的市區舊樓（有升降機），細細間二百萬左右都有交易，一個人住絕對OK！

鄭女士4年後投資回報

公積金	月供基金
金額：現有 52萬元	金額：每月1萬元
假設年回報：3厘	假設年回報：6厘
可得價值：58萬元	可得價值：54萬元

合共：112萬

養老基金評估步驟 投資回報不宜短視

一直以來，都有很多朋友問及怎樣選擇適合自己的投資組合，以及何時應評估及重整自己的投資組合，現在就在這個環節回應這兩條問題，不管你是否準退休人士，都可以參考一下。投資組合的建立及評估有以下四個步驟：

第 1 步：了解自己的投資意向及風險承受能力
投資者應先了解自己的投資目標，投資年期，可承受的損失，投資經驗等等，進行一個投資意向的分析，了解自己是屬於穩健型、均衡型或是進取型的投資者。如果你好像以上鄭女士或吳女士的情況，當然要以穩陣為主。

第 2 步：確保資產組合和投資者個人的意向一致
千祈唔好咩都唔知，亂買一通，因為資產的配置是一個投資組合中重要的元素。

投資者應該留意投資組合中,各類型資產的比例是否符合個人的投資意向分析,例如基金組合內股票、債券和現金的比例,以及基金投資的地區性和行業性。如果你係年青進取型,買股票成份重的東西,就算叫做意向一致啦。

第 3 步:忌怕麻煩要細心

雖然基金不用自己作日常的操作;但作為投資者,要絕對清楚知道投資組合的風險程度、行業比重及資產比例後,他們可以檢查組合內的個別基金資料,例如過去的風險/回報表現、投資多樣化考量、過往最大損失率、表現的一貫性及基金投資的主要公司等等。投資者也應該留意,基金有沒有重大的人事變動、投資策略變動或基金公司的轉變。

第 4 步:檢討投資表現及調整投資組合

買基金和短炒股票不同,如果投資者每一天都會檢查自己的投資組合及價格變動,那便很可能受到誘惑而不斷地進行 交易,並遠超自己所需,導致繳交高昂的交易費用,雖然是有可能透過不斷的交易來達到理想的回報(但有時卻因為這樣而招致損失),筆者個人比較建議投資者每半年或每一年對自己的投資組合進行檢討。檢討投資組合的目的,是要有系統地找出問題所在,並對組合作出適當的調整。評估邊隻基金的表現最好或最壞,要留意基金過去十二個月的表現,但投資者不應集中於短期的回報,有時候過往三年的表現亦可參考,應該跟同類型的基金作出比較,並因應自己在不同年紀的投資意向及風險承受能力的轉變來作出組合的調整。

投資股票好還是基金好？

買股票好還是基金好，這個絕對是投資新手的一個經典問題。

要解答這個經典問題，首先要了解以下的問題：股票和股票基金到底是不是一樣的投資？能不能互換？潛力有沒有差別？費用有沒有高低？有什麼優劣？整體好壞的問題必須從這些細節來分析。

股票和基金之間的分別

可以先用一個比喻來說明股票和基金之間的關係。如果把股票比喻為菜市場出售的魚、肉、蔬菜等原材料，那麼共同基金就像餐館出售的熟食。原材料和熟食都是食物，差別是一個要自己煮，一個是花錢請人煮。太忙或做菜技巧不到家的人，別無選擇的只能買熟食來吃。當然，熟食有烹煮成本，而且消費者未必知道所有的添加物。如果有時間有能力，自己在家做飯是比較便宜而且健康的。

股票和基金正是達到同樣目標的兩條殊途，有時間有能力作正確投資的人可以自己動手，享受最低成本；否則，也只能花錢請人代勞。

用股票怎麼做

正確投資當然需要一些技巧，但投資方法並不是秘密，就像多數食譜已經成為公開訊息。核心概念就是資產的分配和分散。資產分配的理論大家都已經很熟悉。至於分散，按照金融教科書上的理論，購買20隻股票就能把「非市場風險」，也就是人為因素搞壞公司的風險。換句話說，購買20隻股票就能達到適度分散，讓投資組合等同於基金的風險範圍。

最後是挑選個股。要投資產業就在產業範圍內挑選；要投資市場就在市場範圍內挑選。市場有十大產業，每個產業平均兩支股票。只要在科技股、醫療股、能源股、金融股等各挑兩個領先的、趨勢較好公司來投資，則組合風險將等於一個基金。

絕大多數投資新手把挑選個股列為最大障礙，因為一般人通常無法解讀公司財務報表，也就覺得對公司的情況不明朗，也就覺得無法下手，也就覺得只好購買基金。積極管理的基金也用這些策略，但一般而言步調較慢，範圍較小。這也就是為什麼基金大體上躲不過熊市衝擊。

用基金怎麼做

各國對投資基金的稱謂有所不同，形式也有所不同，如美國的
「共同基金」；英國及香港地區的「單位信托」；日本的「證券
投資信托」等。盡管稱謂不一，形式不同，其實質都是一樣的，
都是將眾多分散的投資者的資金匯集起來，交由專家進行投資管
理，然後按投資的份額分配收益。

長期而言購買基金仍然是個省事省心的策略；問題是價碼如何。
十年的時間已經讓成本問題從河東變成河西。十年前股票交易還
是以股數和總價值計算的，數百元的交易費司空見慣，因此，基
金的分攤成本較低。

以共同基金為例，基金公司被允許收取兩大類（一次性和年度）不
同名目的費用。一般人看到的只有年度營運花費一項，這無妨，
因為大部分費用都不過分，除了一項：銷售費。銷售費是基金銷
售人員的佣金，常見的在4％到6％之間。在今天的市場環境內這
是一筆驚人費用，10萬元的投資立刻損失六千元！

雖然絕大多數基金在競爭之下已經不收取銷售費，仍有少數而且
不乏老牌公司依舊收取，而有些投資顧問恰恰就鼓勵客戶購買這
類基金。基本上共同基金可以利用，可以做到和股票不相上下，
唯一前提是必須避開銷售費。

防止多重費用

雖然在香港並不常見，但也值得一提，不管怎樣做，最不能做的是僱用一個收費資產管理人來購買共同基金（在外國曾經流行）。僱用資產管理人和購買共同基金都是僱用專家來投資，資產管理人購買基金形同「僱用專家來僱用專家」，這樣，投資人便要付兩道管理費。

用前面的比喻來說明，這個情況如同甲餐館購買乙餐館的菜來重炒一遍給客人，那盤菜顯然要加兩次的烹調人工，而且還不見得好吃，所添加的東西也更不透明。如果管理人買的又是所謂「基金的基金」（Fund of funds），那麼原始基金收一次費，基金的基金收第二次費，管理人再收第三次費，投資人被剝三層皮。這可以是一則非常有深度的笑話。

如果僱用資產管理人，那麼一定要求用股票來構築投資組合，這就像要求餐館廚師用原材料而非別家的熟食來煮菜一樣。

筆記欄 ————————————————————

雪球效應
錢搵錢

雪球效應 錢賺錢靠投資

工資只能使你安穩地生活，如果要想真正成為富翁，就必須把資金投入到變幻莫測的市場中去，讓錢為你賺錢。30歲之前，很多人都在努力工作，為生存而忙碌，一心一意賺錢和謀求事業發展，不太注重理財。今天幹的活只能為明天儲下口糧，如果明天生病了，或者由於厭倦而不想工作，再或者碰上其他意外，那麼後天就將遭遇飢寒的威脅。所以，30歲之後，你必須要學會妥善打理個人財產，讓錢為你賺錢。

30歲以後要靠錢賺錢

坊間有傳李嘉誠有句名言：「30歲以前要靠體力賺錢，30歲以後要靠錢賺錢。」是不是真的由李嘉誠傳出來不重要，重要的是當中很有激勵性。在西方國家，個人理財早已成為一個熱門和發達的行業，西方國家的個人收入包括工作收入和理財收入兩個部分，在人一生的收入當中，理財收入佔到一半甚至更高的比例，可見理財在人們生活中的地位。理財不是有錢人的專利，越是沒錢越要理財，只要理財得當，錢不僅是錢，而且還能成為生錢的工具。唔好以為錢少就冇料到，如果你的老豆在你剛剛出生時，每個月揸出100元，假設年投資回報率是12%的話，你在60歲的時候，就能成為千萬富翁。這聽起來好像一個笑話，不過股神巴菲特說過：「一生能夠積累多少財富，不取決於你能夠賺多少錢，而取決於你如何投資理財，錢找錢勝過人找錢，要懂得讓錢為你工作，而不是你為錢工作。」

未來家庭財富是由理財水平決定

1 樹立理財意識

賺錢猶如創業，理財好比守城，創業固然需要備受艱辛，守城更需竭盡全力。當你30歲時，有了一定的積蓄後，就要建立理財意識，對錢要有規劃。財務獨立的第一步就是建立一個有雪球效應，可以錢賺錢的基金 。

2 設定個人財務目標

理財目標最好是以數字衡量，計算你自己每月可存下多少錢、要選擇投資回報率是多少的投資工具和預計多少時間可以達到目標。建議你第一個目標最好不要訂得太高，以 2-3 年左右為宜。

3 培養記賬的習慣

記賬的好處在於你可以知道每日所花費的錢都用在什麼地方，在財務有需要節流時，也知道從何處下手。現在有許多理財軟件如 MicrosoftMoney 等，記賬已不像以往那樣是件吃力的事。有句話說得好：賺錢是你為錢在打工，理財是錢為你打工，區別就是工作賺錢需要花費你大量的時間和精力，有時候甚至是健康，而理財投資則不需要花費那麼多精力，不僅可以給你增加金錢財富更能幫你贏取時間財富，讓你在休閑的時候照樣能夠賺錢，不再擔心風險和意外，暢享快樂人生。

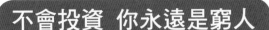

不會投資 你永遠是窮人

目前，儲蓄仍是大部分人傳統
的理財方式，但是，將錢存在
銀行，在短期是最安全，長期
卻是最危險的理財方式。銀行
存款何錯之有？弊端在於利率
（投資報酬率）太低，不適於作
為長期投資工具。同樣，假設

一個人每年存1.4萬元；而他將這些錢全部存入銀行，享受平均
5%的利率（現在根本冇咁高，不過等你幻想一下），40年後他可以
積累1.4萬元X（1+5%）x40＝169萬元，和投資報酬率為20%的項目
相比，兩者收益相差七十多倍。更何況，貨幣價值還有一個隱形
殺手：通貨膨脹。在通貨膨脹5%之下，將錢存在名義上利率約為
5%的銀行，那麼實質報酬等於零，這樣也就是說，你的錢在變相
貶值。有句俗語「人兩腳，錢四腳」，意思是錢有四隻腳，錢追
錢，比人追錢快多了。

因此，一生能積累多少錢，不是取決於你賺了多少錢，而是你如
何投資。致富關鍵在如何開源，並非一味節約。世界上哪有靠省
吃儉用一輩子，將一生的錢都存進銀行，靠利息滾利息而成為知
名富翁的人呢？世界上最出色的商人就係猶太人，經商獨特之處
就是有錢也不存銀行。他們很清楚地算過這筆賬：銀行存款的確
有利息，但是物價在存款生息期間不斷上漲，物價的上漲率和銀
行存款的利率幾乎是相等的。

金錢不能在銀行裡「睡覺」

猶太商人有了錢要會投資實業或放貸。他們的理財原則是：金錢不能在銀行裡「睡覺」，靠省錢發不了財，多賺才是財富之源；否則，即使有再多的錢，也有坐吃山空的時候。只有把錢拿去投資，讓錢生錢，財富才會源源不斷。即使他們將錢暫時存入銀行，也不是因為錢存入銀行有利息，而是將銀行當作一個保險柜使用而已。猶太人認為，錢有死活之分，而存在銀行的錢就是死錢，只有投資的錢才是活錢。活錢能賺到遠比銀行利息多得多的錢，他們是堅決反對將活錢變成死錢：存入銀行。猶太人這種「不做存款」的秘訣，其實是一門很科學的資金管理方法。俗語講：「有錢不置半年閒」，這是一句很有哲理的生意經，指出了做生意應該合理地使用資金，千方百計地加快資金周轉速度，用錢來賺錢。

不在於一兩次暴利

如果你手中的錢每年增長8%，你一定覺得不高。但是，如果我們有1萬美元，每一年獲得8%的收益，如此反覆地滾雪球，用四十多年的時間，我們一定可以做個千萬富翁。這就是滾雪球的巨大效果。一年8%的利潤的確不高，我們也許會在一兩個星期的時間裡獲得比這高得多的收益。但事實上，成功的艱難不是在於一次兩次的暴利，而是持續的保持。

爭取盡早進行投資

巴菲特被稱之為美國股市的股神,他白手起家,資產達300億美元;但他最高的投資組合收益不到30%。喬治·索羅斯被稱為金融領域中投資大師中的大師,每一年的組合平均收益率,在過去的20年中,最高紀錄也只有30%。索羅斯是在全世界的股票市場、黃金市場、貨幣市場以及期貨市場中不斷投機,利用財務杠杆,以及買空賣空才做到的。因此我們可以得知,成功是成年累月積累而成的,而不是獲取暴利所致。

所以說,成功的關鍵就是端正態度,設立一個長期可行的方案,持之以恆地去努力,成功才會離我們越來越近。誰都知道,貨幣是有時間價值的,而時間價值的體現就是利息。人們通常從利率的高低去關心利息的大小,卻往往忽略了計利方式的重要性。譬如,同樣一筆投資,在同樣年限和利率的情況下,用複利和單利這兩種不同的計利方式,獲得的結果大相徑庭。由於複利公式中,時間因素很重要,這就要求我們有盡量多的時間進行投資。沒有人知道自己的壽命是多長,但是我們可以爭取盡早進行投資。股神巴菲特在14歲就開始投資股票了,26歲時就積累了一筆不小的財富。那麼你呢,還不趕快行動,挖一口屬於自己的財富之井?

挖一口屬於自己的井

想自己當老板,而不是一輩子替別人打工?渴望自由,希望以後能隨心所欲地外出旅游?夢想在40歲以後無須為生存而工作,不必依靠那微薄的MPF?盼望用10年甚至更短的時間把自己的荷包裝得滿滿的,然後過上有錢休閒的生活?

其實,這也是大多數人的夢想;但是,許多人工作幾年後就讓自己的夢想萎縮了,習慣了「擔水」沒有規劃的生活。那麼,為什麼不挖一口屬於自己的財富之井呢?也許30歲之前,你還可以去擔水,但30歲之後,你必須要有一口屬於自己的財富之井。

從前,有兩個和尚,他們分別住在相鄰兩座山上的廟裡。這兩座山之間有一條小溪,於是這兩個和尚每天都會在同一時間下山去溪邊擔水,久而久之,他們變成了好朋友。就這樣,在每天擔水中不知不覺地過了5年。突然有一天,左邊這座山的和尚沒有下山擔水,右邊那座山的和尚心想:「他大概睡過頭了。」便沒有在意。

哪知道,第二天左邊這座山的和尚還是沒有下山水,第三天也一樣。過了一個星期還是一樣,直到過了一個月右邊那座山的和尚終於忍不住了,他心想:「我的朋友可能生病了,我要過去拜訪他,看看能幫上什麼忙。」於是他便爬上了左邊這座山,去探望他的好朋友。

右邊那座山的和尚到了朋友的廟裡，看到他的老友之後大吃一驚，因為他的老友正在廟前打太極拳，一點也不像一個月沒喝水的人。他好奇地問：「你已經一個月沒有下山擔水了，難道你可以不用喝水嗎？」他的朋友回答說：「來，我帶你去看。」於是朋友帶著他來到廟的後院，指著一口井說：「這5年來，我每天念完經後都會挖這口井，即使有時很忙，能挖多少就算多少。如今終於讓我挖出井水，於是我就不再下山擔水，可以有更多時間練我喜歡的太極了。」

很多人都被限制在日複一日的工作中，習慣於每天的上班、下班，月底領薪水，希望明年公司加點薪，有多少錢就花多少錢，從來沒有為以後打算過。即使你所處的是個熱門行業，你拿的薪水頗為可觀，而且看來你所在的公司很有發展前景，然而，如果你不學著為未來打算，這依然只是一種「擔水」的功夫。

也許如今的你年富力強、精力旺盛，挑一擔維持生活的水對你來說並不是問題。可是，再勇式有力的人也會迎來挑不動水的那一天！如果你把握好下班後的時間，做好理財，就是在挖一口屬於自己的井。所以，你有兩種選擇：一是像故事中的和尚一樣，在自家後院裡擁有一口永不枯竭的井；或者像另外一個和尚一般，庸碌一生，到了老態龍鐘的晚年仍然需要步履蹣跚地下山取一口水喝。

選擇最佳的投資組合

面對變幻莫測的市場,許多投資者不是無所適從,就是一敗塗地,時此刻正是多樣化投資組合大顯身手之際。那麼,為什麼要實行多樣化投資?答案是:風險控制。縱觀多年市場變化你會發現,各類不同的市場並非總是這樣糾纏在一起。美國股市和其他發達國家的股市遵循各自的發展道路,新興經濟體市場則在另一條軌道中運行。

股市和債市、地產、商品及其他投資品種之間的關系甚至更為鬆散。不過你可以選擇的投資組合方式似乎是無窮無盡的,它們當中有的擊中了要害市場;有的不過是表面上看起來好看。如果你感到困惑的話,不妨讀讀以下建議,看看什麼才是應該持有的投資,什麼是錦上添花的投資,以及什麼是有沒有都無妨的投資。

應該持有的投資

1 股票

基本面因素是關鍵。持有大公司股票，也要持有小公司股票。精挑細選一些優質股票，優化配置，然後長期持有，可以讓你的財富安全保值、穩定增值。

2 債券

次級抵押貸款市場的危機拖累了債市表現。想要避免麻煩的話，就應該投資國債和其他優質債券。債券能產生固定的收益，用來分擔投資的風險，而且假以時日其回報也相當可觀。利率走勢與債券價格的漲跌是反向而動、此消彼長。中長期債券容易受到利率變化的影響，而短期債券則不然。用「階梯式」投資策略來保護自己，分別持有1年期、3年期、5年期和10年期債券。可以考慮投資通貨膨脹保值國債這一特殊品種，當生活成本上升時其價值不會像其他債券受到影響。

3 基金

讓股票指數基金和債券指數基金成為你投資組合的核心，這樣你才能最大限度地享受收益帶來的回報。

錦上添花的投資

對我們當中的大多數人來說，擁有住房可能就是擁有足夠的地產投資了。但是房產和其他投資產品不同。你可以將投資組合中5%的資金投資於持有地產類股或房地產投資信托的基金或交易所買賣基金之中，這也算是地產投資了。

可有可無的投資

1 行業基金

當一個行業類股價格飆升時對其投資表面上看似乎是上佳之選，但實際上押注於此可能很快就會嘗到苦果。金融顧問指出，在全球範圍內尋找具有盈利性的企業，而不要去管它熱門與否。他表示，不要去追逐行業，這種事情是交易員考慮的，不是投資者應該關心的。

2 黃金

黃金在發生金融危機時確實可以保值，而且它自有一套行進步調。不過作為一個投資工具而言，黃金短期風險很高，長期回報寥寥。

3 其他商品

中國、印度及其他經濟高速增長的國家都需要石油、天然氣和金屬等物資。市場對農產品的需求也保持旺盛。你可以通過投資那些廣泛涉足商品領域的基金或交易所買賣基金來成為弄潮兒，從而達到分散投資的目的。不過事實上，你不進行直接投資也完全沒有問題。專家建議投資者買進石油、礦業等大宗商品生產企業的股票，因為它們才是全球商品價格飆升的受益者。

4 應急錢 vs 保命錢 vs 閒錢

要理財，就一定要堅持組合投資，遵循家庭理財中投資管理的原則和方法，使用好四種主要的投資工具：儲蓄、債券、股票和基金。你一定要記住一個原則：流動性投資運用的是「應急錢」，安全性投資運用的是「保命錢」，風險性投資運用的是「閒錢」。

巴菲特的秘密：投資最熟悉的領域

巴菲特，是世界排名第二的富翁。他一直秉承著一個不外傳的秘密，那就是，他從不做自己不熟悉的生意。在股市上，他永遠只對自己熟悉的股票感興趣。他錯過了不熟悉的電腦生意，錯過了造就無數富翁的網絡行業，但是，他依然當之無愧地成為全球最富有的人之一。

「做熟不做生」一直是中國生意人不外傳的法寶之一。但是，現在的人理財意識越來越強了，相當一部分人投資理財時有「跟風」的趨勢。比如說，看別人炒房掙了錢，自己也準備炒房；聽說別人炒股賺了，趕緊也去買股票；發現買基金的人不少，好！拿出老本，也去當一個「基民」。這樣折騰來折騰去，賺賺賠賠，到最後還是一場空。因為，他們總是被動地投資，從來沒有想過自己並不了解那些領域。一般的投資者很少認識到盈利機會存在於他自己的專長領域裡。用自己的投資標準，透徹觀察投資世界，就會看到那些他自己真正熟悉的投資對象。

在做任何一項投資前都要仔細研究，在自己沒有了解透、想明白前不要倉促決定。比如，現在大家都認為存款利率太低，應該想辦法投資。股市不景氣，許多人就想炒郵票、炒茶葉。其實這些渠道的風險都不見得比股市低，操作難度甚至比股市大。所以在自己沒有把握前，把錢放在儲蓄中倒比盲目投資安全些。

記住巴菲特的話

統計結果也表明，現在銀行儲蓄仍是大家的首選，「寧靜以致遠」不無道理，畢竟我們將來的投資機會多的是，留得現金在，不怕沒錢賺。常言說：隔行如隔山。若是在其他場合，僅僅是不懂而已，也沒什麼，但在投資市場中，就意味著血本無歸了。看到別人炒股是賺錢的，等到自己做了，卻發現只有賠錢的份兒。因為每種投資方式都有自己的特點和規律，如果你不熟悉它們是難以掌握這些東西的。

「熟能生巧」在投資理財中一樣適用。理財市場，有人賠錢才有人賺錢，你不熟的話在同業競爭中就處於劣勢，除非你很有錢，能賠得起、交得起學費。所以不管你投資什麼，一定是不熟不做！

有很多如李嘉誠般的富豪，他們的投資思維模式即講究「不為最先」，通常情況下，最新的、最熱的時候先不進入，不搶「頭啖湯」，等待一段時間後，市場氣候往往更為明朗，消費者更容易接受，自己的判斷決策也會比較準確，這時候採用收購的辦法介入，成本最低。「穩健中尋求發展，發展中不忘穩健」是成功富豪的風範。記住巴菲特的話「你必須知道你在做什麼」，投資於自己了解的行業和公司才會減小市場風險，才會有信心，做自己的主人。

筆記欄

約翰・戴維森・洛克斐勒（John Davison Rockefeller，1839年7月8日－1937年5月23日），美國實業家，慈善家，以革命了石油工業與塑造現代慈善的企業化結構而聞名。1870年他創立了標準石油，在全盛期他壟斷了全美90%的石油市場，成為美國第一位十億富豪與全球首富。他也普遍被視為人類近代史上首富，財富總值折合今日之3000億美元以上。

思想決定財富

窮人和富人很大的不同就是，富人允許自己的口袋空，但不允許自己的腦袋空；而窮人允許自己的腦袋空，而不允許自己的口袋空。窮人只能擁有裝錢的口袋，富人卻擁有賺錢的頭腦。洛克菲勒指著自己的大腦說：「即使把我的衣服脫光，再將我放到沒有人煙的沙漠中，只要有一個商隊經過，我又會成為百萬富翁。因為，我有這個。」

資本並非獲取成功的唯一條件

人的貧窮，主要在於思想的貧窮，所以要想富起來，就要讓你的頭腦靈活起來。靠智慧和頭腦賺錢，才能立於不敗之地。多年以前，在奧斯維辛集中營裡，一個猶太人對他的兒子說：「當別人說一加一等於二的時候，你應該想到大於二。」

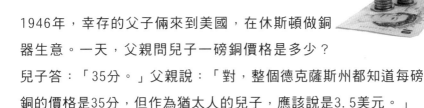

1946年，幸存的父子倆來到美國，在休斯頓做銅器生意。一天，父親問兒子一磅銅價格是多少？
兒子答：「35分。」父親說：「對，整個德克薩斯州都知道每磅銅的價格是35分，但作為猶太人的兒子，應該說是3.5美元。」

20年後，父親死了，兒子獨自經營銅器店。他做過銅鼓，做過瑞士鐘錶上的簧片，做過奧運會的獎牌，他甚至把1磅銅賣到過3500美元，這時他已是麥考爾公司的董事長。然而，真正使他聞名天下的是紐約州的一堆垃圾。

1974年，美國政府為清理給自由女神像翻新留下的廢料，向社會廣泛招標；但好幾個月也沒人應標。最後只有他簽了招標合約。紐約許多運輸公司對他的這一愚蠢舉動暗自發笑，因為在紐約州垃圾處理有嚴格規定，弄不好會受到環保組織的起訴。就在一些人要看他笑話時，他開始組織工人對廢料進行分類。他讓人把廢銅熔化，鑄成小自由女神；把水泥塊和木頭加工成底座。不到3個月的時間，他讓這堆廢料變成了350萬美元，每磅銅的價格整整翻了1萬倍！

有些有才華的人為何一生顆粒無收？

處於貧窮中的人最寶貴的資源是什麼？不是有限的那麼一點點存款，也不是強健的身體，而是頭腦。只要擁有富人的大腦，你才能成為成功人士。在現實中，創造奇跡的是敏銳的大腦，資本並非致富的唯一條件。人的貧窮，主要在於思想的貧窮，所以要想富起來，就要讓你的頭腦靈活起來。靠智慧和頭腦賺錢，才能立於不敗之地。

常言道：有財富的人，肯定是有頭腦的人。如今的社會，頭腦比能力更重要。所以，作為每一個想成為真正富人的窮人，不僅僅要關注富人的口袋，而且更應該關注他們的腦袋，特別是富人口袋還沒有鼓起來的時候的腦袋，看看他們是怎麼用頭腦讓自己發達起來的。

開始！開始投資吧！

有些有才華的人為何一生顆粒無收？因為他們缺乏行動力！只有努力地行動，才能獲得財富。30歲的人們，從今天開始，從現在開始，去投資吧，讓錢成為你們的奴隸，為你們賺取更多的錢。記住「錢追錢」比「人追錢」來得更快捷有效。火山爆發前積聚數年、數十年甚至上百年的能量，最壯觀的就是爆發的一刹那。30歲的人們也必須明白這一點，要想成為富翁，就要馬上行動。要明白，要抓到鯊魚，一定要和它面對面地接觸，僅僅在岸上空想，永遠是無法成功的。

理財阿彌陀佛

衡山上有一處有名的景點，叫《磨鏡台》，是一千多年前的古跡。很久以前，台址附近有一座古老的佛寺，遠近聞名。一名年輕和尚來此修行，他整天盤腿坐禪，雙手合一，口中喃喃念著「阿彌陀佛」，日復一日，希望自己能早日成佛。

寺裡的主持看到了，見他悟性不錯，就想點化他。主持在他旁邊拿一塊磚去磨一塊石頭，一天又一天地磨。年輕和尚有時候抬起頭瞧瞧老和尚在做什麼。主持不理他，只是一個勁兒地拿磚磨石。終於有一天，年輕和尚忍不住問主持：「大師，你每天拿著這塊磚磨石頭，到底做什麼呢？」

主持回答：「我要用這塊磚做鏡子啊。」
年輕和尚說：「可磚塊是做不成鏡子的呀，大師。」
主持說：「沒錯，就像你成天念阿彌陀佛一樣，是成不了佛的。」年輕和尚頓時徹悟，拜老和尚為師，成為一代大師。

整天在房間裡研究投資理財的知識，固然重要。這可以增強我們的理論知識，理論指導著投資的實踐。但是，不立即去投資，在市場的大風大浪中闖蕩，則永遠成為不了富翁。這就是有才華的窮人可悲之處。作為30歲的人來說，人生的道路還很長，充滿著太多變數和風險，你需要足夠多的錢來保障你的未來。所以，為了你的生活幸福，從現在開始投資吧，合理分配自己的資金，利用各種投資工具，去闖蕩一番，為自己博取一個幸福的未來。

兩岸三地有錢人大搜查

大陸經濟起飛，因為大陸人現在有更強的冒險精神。有調查顯示，兩岸三地的有錢人，近9成都想盡各種方法和渠道讓自己更有錢，而大陸有錢人最敢舉債進行投資，比率是台灣的3倍、香港的2倍。台灣有錢人最保守，理財目的多是為了退休、保險是要為病老作準備，也最不喜歡波動大的股票投資。原來這個調查是由 Visa 做的，調查命名為《高收入家庭之消費習慣與展望調查》調查，在亞太地區委託進行，共訪問1,545位來自新加坡、中國台灣、香港、南韓、中國大陸、澳洲、印度及日本8個國家和地區的高收入階層，接受調查者皆為18歲以上、男女比例各半，來自各個市場人口普查數據的前20％至40％的高收入族群。

從這份跨國調查報告顯示，92％的大陸有錢人把工作當成增加個人財富的來源，94％大陸有錢人把財富放在活存戶、也有58％的大陸有錢人擁有定存戶，都是兩岸三地中受訪比率最高者。不過大家都好像喜歡先駛未來錢，因為那份調查結果，揭露了大陸有錢人的理財目標用在清理債務上達47％，高於香港的46％、台灣的42％。也許經濟起飛中的地方，始終冇想得太長遠（當你今天搵錢容易時，好難叫你想像明天就要退休），調查指出，大陸人用來為退休做好準備僅30％，遠低於香港的65％、台灣的74％。

香港人持有股票比大陸和台灣人多

在調查中，台灣高收入族群的投資態度，在兩岸三地中顯得謹慎，理財態度較傾向規避風險，且多數都將財產存放在活期存款賬戶和購買各種保險上。兩岸三地有錢人愛好的金融產品，集中在存款、保險、信用卡、股票、共同（管理）基金上，香港有錢人幾乎人人都有儲蓄型存款賬戶，主要是香港金融商品多是套裝服務，方便客戶靈活運用，因此香港有錢人有定期存款戶的比率為36％，較台灣、大陸為低；反之，香港有錢人達73％持有股票，反應出港人愛炒股的個性，大陸有錢人則有64％持有股票，也不遑多讓；保守的台灣有錢人如常地寧可選擇共同基金，希望用分散風險的概念保有財富。

在持有保單部份，台灣有錢人重視健康預防，也在兩岸三地中最願意買壽險保單，這與台灣有錢人認為理財5大目標中，首選為退休做好準備、為孩子提供最好的教育等，為達無後顧之憂的舉措，有直接的呼應。

在Visa針對兩岸三地高收入家庭的消費、理財調查中，可看到即使是有錢人，對於難懂、不普及的金融商品，如原物料投資，大家都一樣不想碰；外幣和消費性貸款的則有市場限制，接受度也比較低。

香港人最注重理財服務

列入該項調查的債券、原物料投資、外幣、消費性貸款、金融卡、預付卡等6項，兩岸三地有錢人較少擁有的金融商品，比率鮮少超過 3 成受訪者會持有。

令人意外的是，台灣有錢人選擇使用高檔的理財服務，如個人/優先理財、或私人銀行服務比率在兩岸三地中最低，連大陸都還不太開放的私人銀行，都以 14% 冠居 3 地，而香港有錢人對優先理財服務的使用，則超越大陸、台灣。

由於債券、原物料投資和外幣，大中華各地有錢人即使不是直接投資，也能借由共同基金或海外基金投資，所以大陸有錢人偏愛的比率在 3 地中較高；可是直接需要個人信用擔保的消費性貸款，大陸顯然就最難被選用。

同屬於塑膠貨幣的信用卡、金融卡、預付卡，信用卡部份兩岸三地有錢人都是嗜用者；但是，金融卡與預付卡的使用情況就相當有差異，大陸有錢人有 28% 受訪者表示使用預付卡，台灣、香港則僅有 6%，主要是大陸的電子支付系統與台灣、香港的發展不同，加上信用市場不夠成熟，因此仍多以預付方式使用塑膠貨幣。

☑ Excellent
☐ Good
☐ Average
☐ Poor

有錢人的偏方

如果我能用三年把一個普通人變成
全世界最有錢的人，你想知道它的
秘密嗎？如果比爾蓋茲告訴你，他
有一個發財致富的口訣，你會用多
少錢來跟他買？或者巴菲特說，
他會將從沒公開過的投資口訣賣給
你，你出價是多少？

想法產生感覺，感覺產生行動，行動產生結果。一切都從想法開
始，而想法是由心靈產生的，心靈的運作就像一個大檔案櫃，會
把所有接收到的資訊貼上標籤，分別放進不同的檔案夾，讓你方
便取用，幫助你解決問題，度過難關。

有錢人的思考方式與窮人和小康階層非常不同。有錢人對金錢、
財富，他們自己或別人，以及生命中各個方面的想法，都與其他
人不一樣，我們接下來會分析這些不同之處，他們將是你重心設
定思考方式的一部分材料。有了新的檔案，就會帶來新的選擇；
當你意識到自己正在用窮人的方式思考，你就可以自覺地移轉思
考焦點，轉換成有錢人的思考方式。洞察天機，乘風揚帆，此謂
時勢造英雄；興風作浪，力轉乾坤，此謂英雄造時勢。不管什麼
情況，思想決定財富；性格能改變命運。

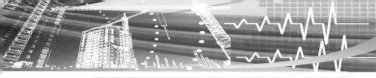

有錢人對金錢的思維方式

窮人	有錢人
我辦不到	我怎樣才能辦到
我不可能贏	我一定要贏
我不富有的原因是我有孩子	我必須富有的原因是我有孩子
要是我再年輕一點	我還很年輕
我受的教育有限	我會不斷學習
要是我老爸給我留下……	成功要靠自己
穩定的工作就是一切	不斷進取才是一切
賺錢的時候要小心，別去冒風險	要學會管理風險
我沒有資金	我想辦法找資金
我可買不起	我想辦法買得起
錢不好賺	賺錢很容易
貪財乃是萬惡之源	貧困才是萬惡之本
我對錢不感興趣	我的愛好是讓錢生錢
錢對我來說不重要	錢對我來說是人生價值
我要為賺錢而工作	我要讓金錢為我工作
我從不富有	我是一個有錢人
這是一個貧窮的世界	這是一個富有的世界

有錢人看待問題的態度

窮人	有錢人
在問題面前束手無策	想辦法解決問題
心靈是封閉的	頭腦是開放的
觀念是陳舊的	觀念是嶄新的
只說不做	語言後面跟著行動
看結果做事	看趨勢做事
只看消極與失敗的一面	先看積極和光明之處
在失敗面前找藉口	在失敗之後找原因
字典中總有「不可能」	字典中沒有「不可能」
不願合作,不會利用人際關係	喜歡與人合作,會利用人際關係
目光短淺,斤斤計較眼前得失	目光遠大,不會計較一時之利益
總覺得時間富裕,無所事事事	總覺得時間不夠用,忙於做事
總想休息,工作並痛苦著	熱愛事業,工作並樂著

有錢人理財的方式

窮人	有錢人
等待天上掉下禮物	不斷尋找新的乳酪
渴望中獎	奠定基業
雞蛋裡挑骨頭	只找下金蛋的雞
期待不勞而獲	知道只有付出才有收穫
貧窮是長久的	破產是暫時的
努力存錢	不斷地投資
千方百計節約錢財	想方設法創造財富
購買負債	購置資產
口袋空空，腦袋也空空	口袋充實，腦袋更充實
甘心打工	願當老闆
總想去遠方尋找寶藏	鑽石就在腳下

有錢人對待人生的選擇

窮人	有錢人
抱守殘缺，不知變革	銳意進取，開拓創新
遇到挫折就放棄，還沒做事就失敗了	跌倒了再爬起來，不達目的不甘休
什麼都想做	先做好一件事
總想找找個好工作	一心要辦個好公司
總是更努力地工作	總是更聰明地工作
是別人船上的海員	是自己命運的舵手
空想家	夢想家
流浪漢	實幹家
坐等最佳時機	抓住每一個機會
人生是迷途個羔羊	人生是驚醒的雄獅
做成事要靠運氣	鑽石就在腳下
寄希望於下一代	要給子女打天下

筆記欄

你也想有他們獨特的思維？
他們的大腦秘密由這裡開始→

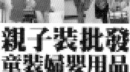